SYSTEMANALYSE · MODELLIERUNG · SIMULATION

SYSTEMANALYSE · MODELLIERUNG · SIMULATION

Modellbildung und Simulationstechniken

Ausgewählte Beiträge der 8. Jahrestagung
Grundlagen der Modellierung und Simulation,
Rostock, 12.-14. Dezember 1979

Herausgegeben von Prof. Dr. Achim Sydow

Mit 33 Abbildungen und 2 Tabellen

Akademie-Verlag · Berlin 1981

Vom Manuskript gedruckt

Erschienen im Akademie-Verlag, DDR-1080 Berlin,
Leipziger Straße 3-4

Lizenz-Nr. 202/424/81
Herstellung: VEB Kongreß- und Werbedruck, Oberlungwitz
Umschlag: Rolf Kunze, Großpösna
Bestellnummer: 762 967 4 (6626) • LSV 1095
Printed in GDR
DDR 16, - M

V o r w o r t

Der vorliegende Band enthält ausgewählte Beiträge der 8. Jahrestagung "Grundlagen der Modellierung und Simulation" des FA "Modellierung" der Wissenschaftlichen Gesellschaft für Meßtechnik und Automatisierung der KDT unter Mitwirkung des Zentralinstituts für Kybernetik und Informationsprozesse. Die Auswahl erfolgte nach den Gesichtspunkten: aktuelle Beiträge zur Simulationstechnik und mathematischen Modellierung sowie zur Anwendung in der Technik, insbes. für verfahrenstechnische Prozesse und Systeme.

Die Beiträge zur Simulationstechnik befassen sich mit grundsätzlichen Fragen des Aufbaus von Simulationssystemen aus der Sicht des Anwenders für die Systemanalyse. Hierzu gibt es eine Übersicht von Prof. Jemeljanow (korresp. Mitglied der AdW der UdSSR), Dr. Lutkov und weiteren Mitarbeitern des Internationalen Instituts für Leitungswissenschaften in Moskau. Ein sehr aktuelles Problem der Simulationstechnik ist die Anwendung der Parallelverarbeitung mit Mikroprozessoren in Analogie zum klassischen Analogrechner. Der Beitrag von Prof. Adler und Dr. Stange enthält hierzu grundsätzliche und vergleichende Betrachtungen. Die Simulationsgenauigkeit für dynamische Systeme hängt wesentlich von der Wahl der Stützstellen bei der diskreten Approximation ab. Hierzu sind Beiträge von Dipl.-Ing. Naumann, Dr. Straubel, Prof. Sydow (nichtäquidistante Stützstellen) und Dr. Lorenz (äquidistante Stützstellen) aufgenommen worden.

Die zweite Gruppe der Beiträge ist der mathematischen Modellierung durch unscharfe Systeme gewidmet. Die viel diskudierte unscharfe Modellbildung wurde von Zadeh angeregt und fand auch in der DDR Anwendungen. Das unter Leitung von Prof. Peschel (korresp. Mitglied der AdW der DDR) stehende Seminar entwickelte ein reges wissenschaftliches Leben, das sich auch in der Sektion "Unscharfe Modellierung" der 8. Jahrestagung widerspiegelte. Interessante Resultate gelangen durch die Einbeziehung von Methoden der Polyoptimierung und in Anwendung auf die Lösung von Aufgaben der Klassifikation. Die Beiträge von Prof. Peschel und

Dr. Bocklisch geben hierzu eine Übersicht.

Die dritte Gruppe der Beiträge umfaßt Anwendungen der math. Modellierung und Simulation für verfahrenstechnische Prozesse und Systeme. Hierzu gibt es Übersichtsdarstellungen von Dr. Kauschus, Dr. Grauer; Prof. Krug und Dr. Wagner. Wichtige Aspekte der gen. Beiträge sind die Nutzung von Methoden der Polyoptimierung für die Optimierung verfahrenstechnischer Systeme, der Aufbau von integrierten Simulations- und Optimierungssystemen und die Nutzung der digitalen Simulation im Dialogbetrieb.

Möge der Band eine Anregung zur Anwendung der math.-kybernetischen Modellierung und Simulation in der Systemanalyse komplexer Systeme sein und die Diskussion in den Arbeitsrichtungen der Systemanalyse und Simulation befruchten.

Abschließend danke ich Herrn Dr. Bartsch, Rostock, für seine unermüdlichen Aktivitäten bei der Vorbereitung und Durchführung der Jahrestagungen, den Autoren für die Mitwirkung und meiner Sekretärin Frau Weber für schnelle Schreibarbeiten bei der Herausgabe dieses Bandes.
Besonderer Dank gilt dem stellvertr. Cheflektor Frau Dipl.-Math. Helle und der Lektorin Dipl.-Math. Frau Reiher des Akademie-Verlages für die gute Zusammenarbeit.

Achim Sydow

INHALTSVERZEICHNIS

ОСНОВНЫЕ ВОПРОСЫ ПОСТРОЕНИЯ ИМИТАЦИОННЫХ СИСТЕМ

С.В.Емельянов, В.В.Калашников, В.И.Лутков,
Б.В.Немчинов, Н.Я.Ривес

Введение

С развитием вычислительной техники одним из наиболее эффективных методов исследования сложных систем стало машинное моделирование. Метод моделирования с успехом применяется в таких областях, как экономика, автоматизация проектирования, исследование вычислительных комплексов, организация работы транспорта, сфера обслуживания, автоматизированное управление производственными и другими процессами, исследование операций. Моделирование может дать в руки исследователей самых различных профилей инструмент для изучения моделируемых явлений в их системной взаимосвязи с достаточно полным учетом действующих факторов, то есть реализации междисциплинарного системного подхода. Однако, поскольку при этом моделирование остается лишь специальным количественным методом, одной из актуальных задач является развитие теории и методов математического моделирования с учетом требований системности, которые позволили бы не только строить модели изучаемых объектов, анализировать их динамику и возможность управления, но судить в известной мере об адекватности создаваемых моделей исследуемым системам, их внутренних свойствах, позволяющих оценить границы применимости и правильно организовать имитационный эксперимент.

Машинное моделирование

Машинное моделирование применяют, как правило, при исследовании сложных систем, когда невозможно заранее оценить последствия решений, направленных на совершенствование системы или управления ею, из-за действия внешних и внутренних случайных факторов. Оно позволяет исследовать механизмы явлений, протекающих с большими или малыми скоростями, когда в натурных экспериментах трудно следить за изменениями, происходящими в течение короткого времени, или когда получение достоверных результатов сопряжено с длительным экспериментом. Машинная модель дает возможность как бы "сжимать" или "растягивать" реальное время. С ее помощью можно проводить обучение персонала управлению системой. Организация так называемой деловой игры с ЭВМ позволяет оценить качество принимаемых решений и выработать необходимые практические навыки.

Сущность машинного моделирования объекта или явлений состоит в проведении на ЭВМ эксперимента с моделью, которая представляет собой некоторую программу, описывающую поведение элементов системы в их взаимодействии друг с другом и с внешней средой. В программу эксперимента входит целый ряд мероприятий, обеспечивающих его эффективность и целенаправленность. Полученная информация носит, естественно, частный характер, поскольку справедлива лишь для определенных условий функционирования конкретной системы. Однако, варьируя эти условия и структуру системы, можно дать необходимые объяснения явлений [1-4].

Машинное моделирование с успехом применяется в тех случаях, когда трудно четко сформулировать критерий качества функционирования системы и цель ее не поддается формализации, поскольку позволяет сочетать возможности ЭВМ со способностью человека мыслить неформальными категориями.

Остановимся подробнее на требованиях, которые предъявляются к модели.

1. Модель должна быть достаточно полной, чтобы предоставлять пользователю различные наборы характеристик.

2. Модель должна быть достаточно гибкой, чтобы имелась возможность воспроизводить различные ситуации.

3. Длительность создания модели должна быть существенно меньше длительности моделируемого процесса.

4. Модель должна быть блочной, то есть допускать возможность замены, добавления, исключения некоторых частей без переделки всей модели.

5. Модель должна допускать возможность выбора необходимой точности задания ее параметров.

6. Должна обеспечиваться возможность работы модели с банком данных систем.

7. Должно обеспечиваться эффективное (по быстродействию и памяти) функционирование программы модели, удобство общения пользователя с нею.

Помимо собственно имитации модель должна допускать проведение некоторых целенаправленных экспериментов с использованием как аналитических результатов, так и вычислительных возможностей моделирования [2].

8. Должна обеспечиваться возможность проведения целенаправленных вычислительных экспериментов с использованием аналитических результатов.

Составление модели и работа с нею являются итеративными процессами, причем при исследовании первоначальные цели могут трансформироваться, в рассмотрение могут вступать новые факторы, может претерпевать изменения, иногда значительные, само содержание модели.

На рисунке представлена блок-схема процесса моделирования, отражающая скорее логическую нежели временную связь между этапами.

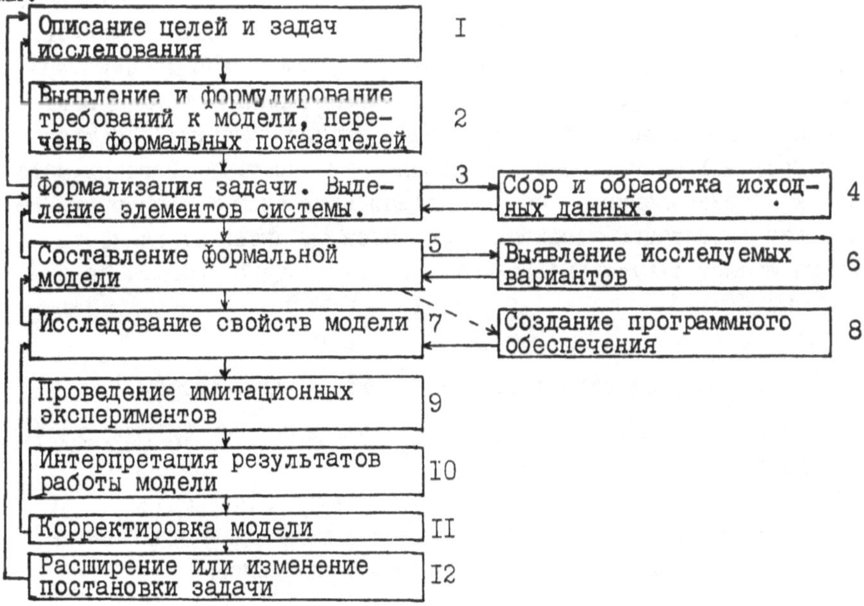

Моделирование во всей полноте осуществляется с помощью имитационной системы - программного комплекса, обеспечивающего как проведение машинного эксперимента (программная реализация модели, ввод-вывод, процесс счета, диалог и тому подобное), так и формирование модели, постановку машинного эксперимента, анализ свойств модели, принятие решения [23].

Первую составляющую назовем внутренним программным обеспечением, вторую - внешним.

Используемые до сих пор имитационные системы можно назвать пассивными. Они служат для имитации систем технического типа, в которых роль человека ограничивается выполнением стандартных функций или вообще отсутствует. Элементы таких систем лишены мотивации поведения, воли, активной реакции, то есть причинно-следственные закономерности их поведения предписываются заранее извне и неукоснительно соблюдаются. При разработке пассивных имитационных систем выработалась определенная технология, описание которой представлено ниже.

На наш взгляд, этап разработки пассивных имитационных систем является начальным. Наряду с преимуществами и достоинствами этих систем определились границы их использования. Стало ясно, что ЭВМ неприемлема для моделирования активных элементов, то есть людей, чья воля и способность субъективно воздействовать на течение реальных процессов представляют собой существенный фактор, пренебречь которым - значит исказить действительность. Возникает настоятельная потребность в развитии методов конструирования активных имитационных систем, где роль ЭВМ состоит в имитации пассивных элементов, а активные элементы включаются в структурную схему модели наряду с другими ее элементами.

Особенности построения имитационных систем

Среди главных задач построения имитационных систем следует выделить следующие:

- разработка методов и приемов формирования модели и ее формализации на основе изучения моделируемого объекта или явления, а также целей моделирования;

- разработка методов планирования и проведения эксперимента;
- создание программного обеспечения.

Перечислим ряд требований, предъявляемых к способам формализации (при этом следует отметить противоречивость некоторых из них):

- удобство реализации и программная обеспеченность формальной схемы на ЭВМ;
- возможность идентификации выбранной формальной схемы по имеющимся данным;
- возможность внесения структурных и параметрических изменений в процессе развития модели;
- возможность математического исследования свойств выбранной формальной схемы.

При исследовании сложных систем приходится пользоваться разнообразными формальными схемами. Предпочтение здесь при прочих равных условиях, должно отдаваться схеме, имеющей удобную машинную реализацию. Первое требование может быть выполнено, если формальная схема достаточно универсальна.

Первоначальные представления о системе, сложившиеся на этапе формулирования проблемы, берутся за основу при анализе ее структуры. Находятся составляющие модель элементы и параметры, их характеризующие. Затем описываются правила функционирования элементов и определяются структуры данных.

Параллельно с разработкой модели осуществляется сбор исходных данных и преобразование их в требуемую форму. Круг вопросов, связанных с определением значений параметров и переменных модели, необходимых для полного ее описания по результатам наблюдений за поведением реальной системы, охватывается понятием идентификации. Обычно стремятся выбрать такие значения, чтобы обеспечивалась задаваемая степень совпадения показателей модели и соответствующей реальной системы.

Как правило, сложные системы имеют неудовлетворительное информационное обеспечение. Это происходит либо в силу того, что данная система еще проектируется, либо из-за недостаточного объема статистических данных, характеризующих параметры системы. Последнее обстоятельство типично для сложных систем, поскольку получить исчерпывающий объем статистических данных при большом количестве взаимозависимых параметров чрезвычайно затруднительно. Кроме того, сложные системы постоянно развиваются.

Успешное решение задачи идентификации во многом зависит и от выбора модели. В некоторых случаях идентификация параметров с помощью имеющихся данных невозможна не из-за недостатка информации о них, а вследствие неудачной "параметризации" модели. Надо уметь выбрать такую модель, которая давала бы достаточно точное описание функционирования системы и в то же время не требовала чрезмерных затрат времени на свое построение и исследование [4].

По окончании "структуризации" модели необходимо оценить ее адекватность, состоятельность и реализуемость. Имеется в виду, что между составом, объемом, формой и точностью представления исходных и выходных данных, набором критериев, характеризующих систему, и так далее, как правило, существуют противоречия. В идеальном случае все эти данные должны быть согласованы, либо сделан вывод о невозможности их удовлетворения и, следовательно, о необходимости пересмотра самой модели, изменения ее содержания, а может быть и целей моделирования. Если же модель составлена, то следует проанализировать ее "внутренние" свойства – устойчивость, ограниченность, надежность и так далее. Наличие у модели нежелательных свойств также может привести к ее коррекции.

При проведении таких исследований особую роль играют качественные методы. Основой качественного анализа математических и машинных моделей сложных систем служат формальные методы, разработанные для отдельных классов математических моделей различной степени общности [5]. Качественный анализ позволяет получать информацию о свойствах решения косвенным путем. При этом возможно получение и количественных оценок. Кроме того, изучаемые свойства (регулярность, устойчивость, ограниченность, возвращаемость, управляемость и так далее) имеют важное прикладное значение. Зачастую для исследования системы достаточно иметь информацию о наличии или отсутствии этих свойств.

Результаты качественного анализа в значительной степени предопределяют выбор модели (или моделей), с нужными свойствами и отсев моделей либо не реализуемых физически, либо не отвечающих своему назначению. Невыполнение того или иного качественного свойства приводит к изменению исходной формулировки задачи [2].

Когда модель и необходимые данные подготовлены, приступают к собственно машинным экспериментам. Здесь окончательно устанавливается – пригодна ли модель для достижения поставленной цели, то есть отражает ли она существенные аспекты системы и позволяет ли получить требуемые результаты. Проводятся проверки соответствия машинной и исходной формальной моделей, поведения модели и моделируемой системы, правильности интерпретации результатов моделирования.

Адекватность проверяется на основе эвристики, существующей информации о моделируемой системе с применением статистических методов для оценки гипотез и параметров, итеративной процедуры построения модели, статистических оценок ее работы, анализа чувствительности модели к ее параметрам, проверки результатов работы модели существующими аналитическими соотношениями [6,7].

Модели чаще всего используются для оценки вариантов структуры либо вариантов управления изучаемой системы и выбора наилучшего из них, а также для отыскания оптимальных значений параметров системы с точки зрения выбранного критерия. В зависимости от специфики системы варьируются входные параметры модели (факторы), назначаются допустимые области их изменения, выбираются критерии для сравнения получаемых от варьирования выходных параметров (реакций), то есть осуществляется планирование эксперимента.

Таким образом, в понятие машинное моделирование следует включать не только имитацию системы на ЭВМ, но и последовательное изменение и анализ самой модели как на начальных, так и на промежуточных стадиях эксперимента.

При этом приходится решать следующие основные проблемы [6,7].

Обеспечение стохастической сходимости показателей. Степень близости оценок исследуемых характеристик к их истинным значениям зависит от объема выборки. Слишком малый объем не позволяет получить требуемую точность вычислений, слишком большой –

приводит к непроизводительным затратам машинного времени. Это заставляет искать способы уменьшения случайной ошибки не путем увеличения объема выборки, а за счет использования информации о структуре модели и организации специальных вычислительных экспериментов.

Решение проблемы размерности, позволяющее избежать полного перебора. Большое число факторов приводит к необходимости рассматривать множество их комбинаций, поэтому важно уметь составлять планы эксперимента, позволяющие достичь желаемой цели без использования полного факторного плана.

Выбор плана эксперимента в соответствии с его целью. Под этим понимается определение комбинаций уровней факторов, позволяющих получать оптимальное значение для переменной реакции, и выявление зависимости реакции от факторов для раскрытия механизма изучаемого явления.

Обеспечение многокомпонентной реакции. При проведении эксперимента, в котором изучается большое число переменных реакций, перспективным представляется диалоговый режим нахождения функции согласования критериев [8].

Разработка математических методов качественного и количественного анализа машинных моделей сложных систем и их алгоритмизация. Наличие данных методов дает возможность, как было указано ранее, решать задачи адэкватности, определять границы использования моделей, изучать их внутренние свойства и так далее.

Решение перечисленных проблем осуществляется имитационной системой на базе ее внутреннего и внешнего программного обеспечения.

Для реализации имитационных систем необходимо предусматривать:

- унификацию их и обеспечение исчерпывающей документацией;
- обеспечение средствами машинного анализа свойств, влияющих на выбор окончательного варианта модели, - точности модели, полноты представления исходных данных, чувствительности характеристик относительно параметров модели, ее устойчивости и так далее;
- оснащение совокупностью программ для работы с моделью в окончательном варианте, позволяющих проводить целенаправленное

моделирование (идентификацию параметров и структуры модели, планирование машинных экспериментов, анализ качественных свойств модели, оптимизацию, структурные исследования);

- активное участие человека в процессе моделирования, позволяющее ему оперативно вмешиваться как в процесс отладки программы, реализующей модель на ЭВМ, так и в сам процесс моделирования для управления ходом эксперимента;

- оснащение систем универсальными математическими и программными средствами, позволяющими сокращать время подготовки моделей (что особенно важно при моделировании систем, состоящих из разнородных элементов);

- введение модульной структуры, разрешающей замену, добавление или ликвидацию каких-либо элементов системы без существенной коррекции программы.

Разработанное с учетом этих требований программное обеспечение имитационных систем дает возможность облегчить процесс программирования; удобнее отразить в терминах имитационной системы черты конкретных задач моделирования (статической и динамической структуры системы, входных и выходных данных и так далее); при необходимости осуществлять перенос комплекса программ, соответствующих системе, с одной ЭВМ на другую без значительных программных переделок и доработок; совмещать комплекс с другим программным обеспечением, облегчающим некоторые стандартные операции обработки информации на ЭВМ; применять для случайных процессов методы статистического моделирования; производить стандартными методами сбор и обработку данных и вывод результатов моделирования; осуществлять стандартными средствами отладку программы; получать с ЭВМ документацию по моделируемой задаче.

Совершенно очевидно, что машинные программы должны быть эффективными по памяти и быстродействию.

Агрегативный подход

Анализ существующих средств моделирования и решаемых с его помощью задач приводит к выводу [9-12], что комплексное решение проблем построения имитационных систем возможно лишь на основе единой формальной математической схемы. Использование математической модели стандартной формы позволяет унифицировать алгоритмы имитации и применять стандартные методы обработки и анализа результатов моделирования, для которых могут быть созданы и в дальнейшем пополняться специальные библиотеки стандартных программ. Однако, первостепенное значение при этом имеет разработка стандартных методов количественного и качественного анализа сложных систем [II].

Предоставление программистам, пользователям и математикам единой формальной схемы дает возможность применить результаты математических исследований процессов, описываемых схемой, при создании внешнего программного обеспечения.

Изучение свойств моделей, создание алгоритмических методов анализа и включение их в состав внешнего программного обеспечения переводит моделирование на качественно новый уровень. При этом пользователь получает информацию о границах применимости модели, ее устойчивости, чувствительности, точности, сложности , может решать некоторые задачи синтеза, то есть рекомендации, получаемые с помощью моделирования, будут действительно научно-обоснованными, что особенно важно при исследовании крупных народнохозяйственных и некоторых других важных объектов.

Таким образом, математическая схема одновременно является математическим описанием моделируемых объектов и явлений, основой для создания машинной программы функционирования модели, объектом аналитических исследований моделируемых систем и явлений, формальной схемой, на которую ориентируют алгоритмы и программы, составляющие внешнее программное обеспечение.

Предложенная Н.П.Бусленко [9-I2] агрегативная система является именно такой математической схемой, отображающей системный подход к изучению объектов и явлений.

При математическом (агрегативном) описании сложный объект (система) расчленяется на конечное число элементов (подсистем), сохраняя при этом связи, обеспечивающие их взаимодействие, пока не получатся подсистемы - простые и удобные в условиях рассматриваемой задачи для математического описания. Формализованной схемой элемента является кусочно-линейный агрегат (КЛА), представляющий собой стохастическую динамическую систему. КЛА отличается удобством программной реализации и допускает использование для исследования процессов его функционирования аналитических методов [II].

Взаимодействие элементов в агрегативной системе сводится к обмену сигналами в изолированные моменты времени. В интервалах между ними система распадается на отдельные элементы, функционирующие независимо друг от друга, но с учетом влияний, вносимых в моменты обмена сигналами [II]. В результате исследуемая система приводится к унифицированной математической схеме, процесс функционирования которой представляет собой условный марковский процесс переменной размерности с кусочно-линейными траекториями [IO]. Такая схема служит фундаментов для построения внутреннего и внешнего программного обеспечения имитационной системы.

Агрегативные системы

Рассмотрим системы, состоящие из конечного числа элементов, обменивающимися друг с другом сигналами. Класс агрегативных систем выделяется путем наложения ряда ограничений на способ взаимодействия элементов в системе и динамику самих элементов [IO].

I. Каждый из элементов является КЛА.

2. Обмен сигналами в системе осуществляется мгновенно, в изолированные моменты времени и без искажений.

С точки зрения обмена сигналами все элементы представляются многополюсниками, имеющими конечные множества входных и выходных полюсов. На входные полюса могут поступать, а с выходных полюсов могут сниматься сигналы. Каждому выходному полюсу элемента ставится в соответствие однозначным образом входной полюс этого или другого элемента системы. Все сигналы, циркулирующие в системе, имеют группу целочисленных координат и группу действительных координат. Так как элементы системы взаимодействуют в изолированные моменты времени, их динамику между указанными моментами можно изучать независимым образом. Внутреннее состояние КЛА имеет вид, аналогичный виду сигналов

$$Z = (\nu, Z^{\nu}),$$

где ν - вектор целочисленных координат, а Z^{ν} - вектор действительных координат, причем считается, что все компоненты вектора Z^{ν} положительны, а его размерность $|\nu|$ зависит от значений компонент вектора ν .

Действительные координаты состояния изменяются с постоянной скоростью v^{ν}, причем значение вектора v^{ν} полностью определяется целочисленными координатами состояния.

Скачки состояний КЛА происходят в так называемые опорные моменты времени, являющиеся либо моментами поступления входных сигналов, либо моментами обнуления хотя бы одной из действительных координат. В опорный момент времени КЛА переходит из текущего состояния в новое и выдает сигналы.

Таким образом, взаимодействие элементов в агрегативной системе (то есть в многоуровневой конструкции, взаимодействующими элементами которой являются КЛА) сводится к обмену сигналами в опорные моменты времени и реакциям агрегатов на полученные сигналы.

Программная реализация агрегативной системы и режимы работы с ней

Моделирующая программа, являющаяся основой агрегативной имитационной системы, реализована на языке PL/1 для ЕС ЭВМ и состоит из головной программы и десяти подпрограмм. Пользователь должен работать только с двумя подпрограммами, которые он составляет сам. Первая описывает динамику работы отдельных агрегатов (в ней программируются операции преобразования внутренних состояний агрегатов и операции формирования выходных сигналов). Вторая служит для начальной настройки первой, а также для нестандартной настройки агрегативной системы, той, которую нельзя выполнить со стандартного заказа. Все остальные подпрограммы и головная программа являются стандартными.

Моделирующая программа позволяет организовать следующий порядок моделирования объекта:

- содержательное описание объекта;
- формализация описания в виде агрегативной системы;
- занесение параметров в моделирующую программу и (или) заполнение блока пользователя;
- работа модели;
- интерпретация результатов.

Как правило, содержательное описание и интерпретация результатов являются неформальными и осуществляются совместно с заказчиком, поскольку принятие решений по моделируемой системе находится в его компетенции. В то же время на этих этапах возникает необходимость в дальнейшем развитии модели, учете новых факторов, изменении ее   Наличие формальной агрегативной схемы позволяет оперативно вносить такие изменения.

В описанном виде агрегативная модель пригодна для имитации по обычной технологии, то есть так, как это делается, например, с помощью языков моделирования.

Наличие в основе описанной моделирующей программы унифицированной математической схемы дает возможность наряду с собственно имитацией проводить машинное исследование структурных и траекторных свойств моделируемой системы. При этом используются разработанные для агрегативных систем математические методы и алгоритмы [11]. На базе последних создается внешнее программное обеспечение, управляющее работой моделирующей программы и содержащее подпрограммы, позволяющие анализировать свойства модели, ставить целенаправленные машинные экспориметны, формировать модели и так далее.

Внешнее программное обеспечение имитационных систем

С помощью внешнего программного обеспечения имитационной системы осуществляется проведение и анализ машинных имитационных экспериментов с моделью исследуемого объекта: оценка устойчивости, вычисление момента первого достижения заданной области в пространстве состояний, оценка регулярности, ограниченности и других свойств траекторий моделируемой системы. Если для произвольного описания систем эта цель практически не достигается, то для классов моделей, в частности для агрегативных моделей удается обобщать классические приемы и методы, а также создавать новые методы решения задач качественного анализа [5].

В настоящее время структура внешнего программного обеспечения представляется следующим образом. Внешнее программное обеспечение составляет управляющая программа, работающая с пополняемым набором процедур анализа. Процедуры анализа оформляются по единым правилам с целью их использования в рамках одной управляющей программы. Анализ результатов моделирования можно осуществлять в одном из трех режимов: пакетном, диалоговом и комбинированном. В пакетном режиме пользователь заранее определяет последовательность применяемых методов, задает их параметры и позволяет управляющей программе самостоятельно проводить анализ ситуаций, складывающихся в процессе моделирования, на основе заложенных в нее алгоритмов. В диалоговом режиме пользователь на основе текущих результатов моделирования изменяет параметры процедур и осуществляет целенаправленный переход от одного метода к другому. Комбинированный режим предусматривает чередование этапов работы в пакетном и диалоговом режимах.

К настоящему времени создана часть внешнего программного обеспечения агрегативной имитационной системы, которая получила название "блок анализа" и реализована на языке PL/1 для ЕС ЭВМ. Блок анализа включает в себя библиотеку процедур анализа и управляющую программу, позволяющую осуществлять экспериментальную работу в пакетном режиме. Библиотека процедур анализа включает в себя несколько процедур, реализующих методы обработки и анализа результатов моделирования, которые предназначены для определения точности моделирования, длины реализации, длительности переходного режима, а также оптимальных значений параметров.

В заключении можно отметить, что агрегативная имитационная система создает хорошую основу для автоматизации имитационных экспериментов. Такая автоматизация может полностью или частично охватить этапы формализации, подготовки данных, изучения свойств модели, проведения имитационных экспериментов, обработки и интерпретации результатов моделирования. Решение этой задачи создаст перспективы использования моделирования в качестве инструмента повседневной работы в сфере исследования операций и системного анализа.

Литература

I. Гвишиани Д.М. Методологические проблемы моделирования глобального развития. Препринт. Москва, ВНИИСИ ГКНТ и АН СССР, 1977.

2. Емельянов С.В., Калашников В.В., Лутков В.И., Немчинов Б.В. Методологические проблемы построения имитационных систем. Обзор. Москва, МЦНТИ, 1978.

3. Zeigler B.P.,Elzos M.S.,Klir G.J.,Oren T.I. Methodologyin systems modeling and simulation. Amsterdam, North Holland, 1979.

4. Полляк Ю.Г. Методология исследования сложных технических систем. (Вероятностное моделирование на ЭВМ). В книге: Проблемы методологии системного исследования. Москва, Мысль, 1970.

5. Калашников В.В. Качественный анализ поведения сложных систем методом пробных функций. Москва, Наука, 1978.

6. Нейлор Т. Машинные имитационные эксперименты с моделями экономических систем. Москва, Мир, 1975.

7. Шеннон Р. Имитационное моделирование систем - искусство и наука. Москва, Мир, 1978.

8. Montgomery D.C.,Bettencourt V.M. Multiple response surface methods in computer simulation. -"Simulation", 1977,vol.29,N4.

9. Бусленко Н.П. Моделирование сложных систем. Москва, Наука, 1978.

10. Бусленко Н.П., Калашников В.В., Коваленко Н.Н. Лекции по теории сложных систем. Москва, Советское радио, 1973.

11. Бусленко Н.П. Сложные системы и моделирование.-"Кибернетика", 1976, № 6.

12. Бусленко Н.П. Об одном классе сложных систем. В книге: Проблемы прикладной математики и механики. Москва, Наука, 1971.

VERFAHRENS- UND STRUKTURPROBLEME ZUR SIMULATION KONTINUIERLICHER VORGÄNGE MIT PARALLELPROZESSOREN

Adler, H.; Stange, H.
Sektion Informationsverarbeitung
Ingenieurhochschule Dresden

1. Einleitung

Die Entwicklung hat gezeigt, daß einige wesentliche Mängel der Analog- und Hybridrechentechnik die Anwender veranlassen, sich der Digitalsimulation zuzuwenden. Bei der Nachbildung kontinuierlicher Vorgänge erreicht man jedoch in manchen Fällen nicht die erforderliche Geschwindigkeit bzw. ist auf schnelle Großrechner angewiesen. Es ist deshalb naheliegend, für die Simulation kontinuierlicher Prozesse zu versuchen, in die digitale Simulation die Parallelverarbeitung einzubeziehen, um die Geschwindigkeit zu steigern. Dies führt auf parallelverarbeitende Mehrmikroprozessorsysteme (pMMPS), deren Arbeitsweise näher betrachtet werden soll.

Selbstverständlich ist das Einsatzspektrum eines Parallelprozessorsystems mit der digitalen Simulation kontinuierlicher Prozesse, d. h. mit der Lösung gewöhnlicher Differentialgleichungssysteme nicht erschöpft, und es können sich neben bereits bekannten weitere Einsatzfälle herausbilden, für die sich die Anwendung parallelverarbeitender Mehrmikroprozessorsysteme als vorteilhaft erweist. Als Beispiel sei dazu etwa die parallele Verarbeitung und Auswertung von Meßwerten in Hochspannungsschaltanlagen genannt.

Wenn auch einerseits eine breitere Anwendung des pMMPS abzusehen ist, dann muß andererseits trotzdem berücksichtigt werden, daß ein pMMPS um so effektiver arbeitet, je enger sein Einsatzgebiet konzipiert ist. Deshalb wird für diesen Beitrag in konkreten Fällen auf die Simulation kontinuierlicher Prozesse Bezug genommen.

2. Entwicklungstendenzen

Die schon seit Einführung der elektronischen Datenverarbeitung erkannten Vorzüge des Einsatzes gekoppelter Rechnersysteme zur Verbesserung des Durchsatzes sowie der Flexibilität und Zuverlässigkeit rücken durch Einsatz moderner Bausteine der Mikroelektronik in den Bereich einer ökonomisch vertretbaren Realisierung. Wenn sich gegenwärtig in der DDR an verschiedenen Stellen Lösungskonzepte für pMMPS entwickeln, so ist dies meist mit einem Einsatzfall gekoppelt, für den eine möglichst effektive Lösung zu finden ist.

3. Numerische Verfahren zur Lösung von Differentialgleichungen

Für die Simulation kontinuierlicher Prozesse sind vorerst einige Einschrittverfahren zur numerischen Lösung von Differentialgleichungen untersucht worden.

Für eine vorgegebene Genauigkeit von 10^{-4} (dem Analogrechner überlegen) konnte das Runge-Kutta-Verfahren 4. Ordnung (RKV4) für gewisse Klassen von Differentialgleichungen dann als schnellstes herausgestellt werden, wenn in Voruntersuchungen für den vorgelegten Aufgabentyp bereits eine optimale Schrittweite ermittelt wurde. Dies kann jedoch unter Echtzeitzwang nicht vorausgesetzt werden, so daß Verfahren mit automatischer Schrittweitensteuerung noch zu untersuchen sind.

Für einige in der Praxis häufig auftretende Übertragungsglieder wurden die Differentialgleichungen mit dem RKV4 unter Verwendung der optimalen Schrittweite gelöst.

Die experimentellen Ergebnisse ergaben für $0 \leq t \leq 5s$ folgende Zeiten:

Dgl.	K 1510	K 1520	Digitalsim. (DS 4000)	Hybridsim. (HRA 7200)
y' = -y	17 s	1,4 s	0,6 s	
y' = 0,1y · t	8 s	0,4 s	0,3 s	ca. 0,1 ms
y' = 2 - 0,2y	3,5 s	0,25s	0,15s	

Die Gegenüberstellung zu herkömmlichen Simulationsmethoden zeigt, daß bei Differentialgleichungen höherer Ordnung und paralleler Abarbeitung ein Mikrorechnersystem auf der Basis K 1520 bereits Geschwindigkeitsvorteile gegenüber der Digitalsimulation (DS 4000) bringen kann, vorausgesetzt, daß die Zeiten für den Datenaustausch zwischen den Prozessoren entsprechend klein sind.

4. Struktur

Die Struktur eines pMMPS muß im Zusammenhang mit der Steuerung, der vorgesehenen Aufgabenklasse und der programmtechnischen Realisierung betrachtet werden.

Für einen Datenaustausch zwischen parallelverarbeitenden Prozessoren läßt sich ein gemeinsamer Speicher (Globalspeicher oder Kommunikations-RAM) gegenüber einer frei wählbaren Verbindung zwischen beliebigen Parallelprozessoren bezüglich der Steuerung besser beherrschen. Außerdem sind zur Arbeit der einzelnen Prozessoren innerhalb der autonomen Parallelphase Arbeitsspeicher (Lokalspeicher) erforderlich.

Für grundsätzliche Untersuchungen zur Parallelarbeit wurde zunächst das pMMPS auf drei Arbeitsprozessoren begrenzt, weil eine größere Anzahl paralleler Prozessoren wegen auftretender Zugriffskonflikte keine lineare Steigerung des Durchsatzes zuläßt. Ein Aufbau nach dem Master-Slave-Prinzip erfordert zusätzlich einen Regieprozessor. Für Ausgaben während des Prozeßlaufes dient ein E/A-Prozessor, der an seinem Systembus über erforderliche Peripherie verfügt.

Daraus läßt sich eine Grundstruktur nach Bild 1 ableiten:

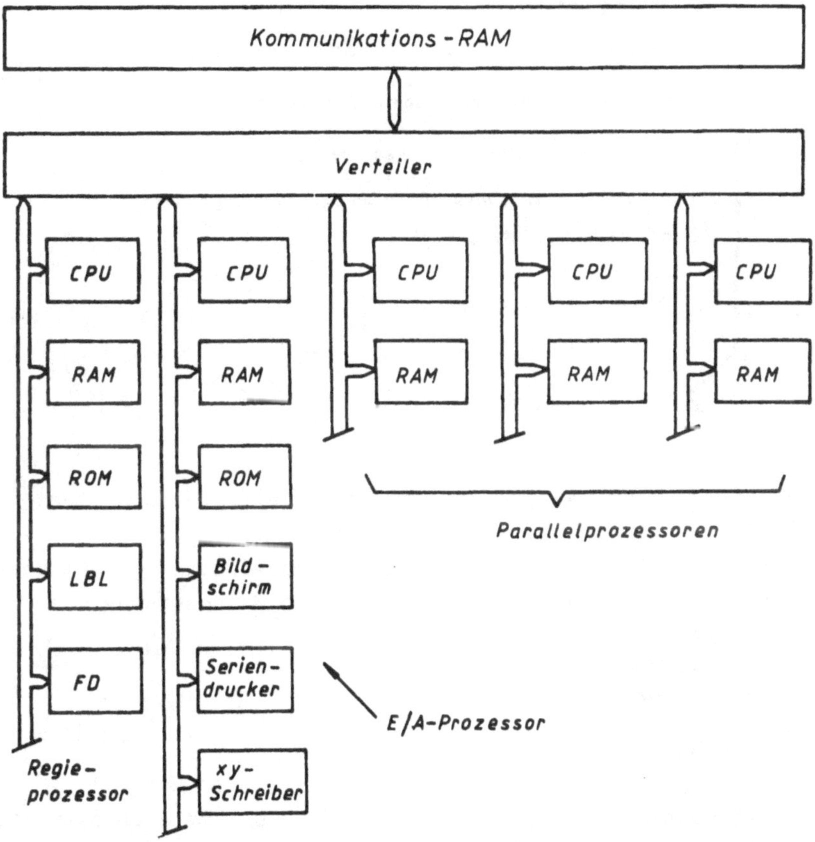

Bild 1: Grundstruktur eines Parallelprozessorsystems

5. Steuerung

Das Prinzip der Steuerung wirkt sich auf die Präzisierung der Struktur aus und muß im Zusammenhang mit dem Programmablauf gesehen werden (siehe Bild 2).

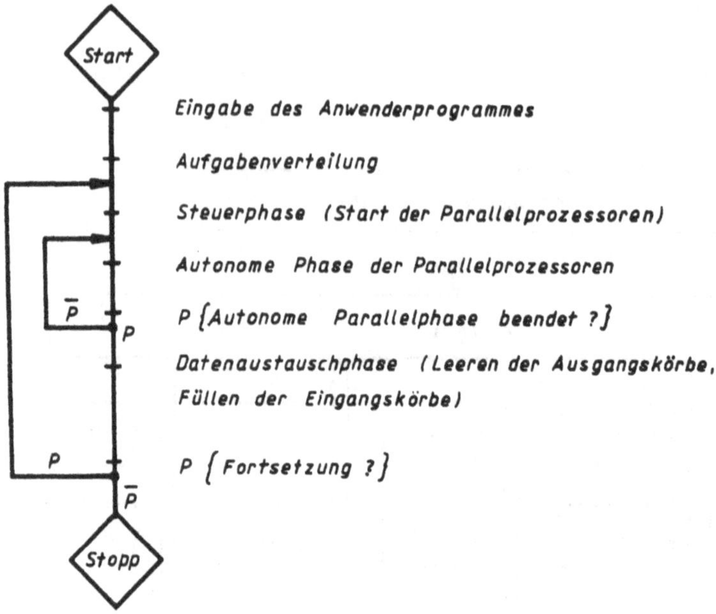

Bild 2: Programmablaufplan für das Parallelprozessorsystem

Ein prinzipielles Problem für die Hardware-Lösung besteht bei Einleitung der Datenaustauschphase in der Entscheidung über die Art des E/A-Verfahrens zwischen

- CPU-Steuerung und

- DMA-Verfahren.

Unter Bezugnahme auf die Gerätebasis K 1520 läßt sich dazu eine Geschwindigkeitsbetrachtung vornehmen (siehe Bild 3).

Die Entscheidung für ein Ausgabeverfahren hängt in starkem Maße vom Aufgabentyp ab, weil dafür die in der Austauschphase zu übertragende Blocklänge maßgebend ist. Geringe Blocklängen - z. B. bei der Realisierung des RKV4 umfaßt die Ausgabe nur jeweils einen Wert - führen demnach auf Anwendung der CPU-Steuerung. Um eine Normierung, wie sie bei Analogrechnern bekannt

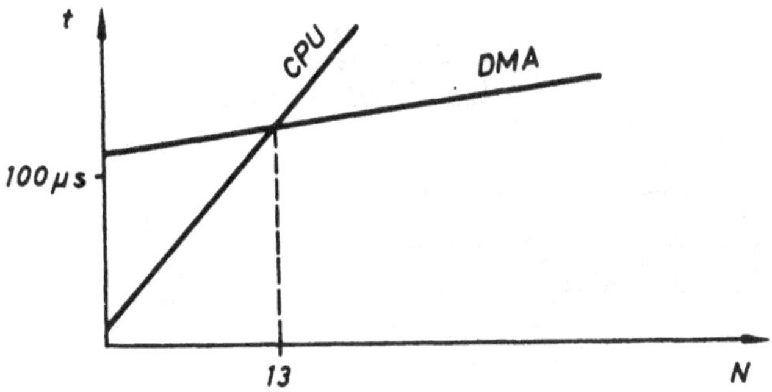

Bild 3: Dauer des Datenaustausches in Abhängigkeit der Blocklänge N

ist, zu umgehen, wählt man Gleitpunktdarstellung. Dadurch ergibt sich z. B. je Wert eine Übertragung von 5 Byte. Bei der Übertragung von mehr als zwei Werten wird jedoch der DMA-Verkehr bereits schneller.

Für ein pMMPS mit größerem Anwendungsspektrum müßten beide E/A-Verfahren vorgesehen werden. Darüberhinaus wird bei dem DMA-Verfahren für jede Richtung ein DMA-Baustein notwendig, um die initialisierte Richtung Leseport-Schreibport beibehalten zu können. Dadurch erfolgt der Datenaustausch mit dem K-RAM richtungsabhängig auf getrennten Wegen.

Der erhöhte Hardwareaufwand einerseits und der vom Anwendungsbeispiel vorgesehene häufige Transport geringer Blocklängen andererseits veranlaßt dazu, vorerst nur eine CPU-Steuerung zu konzipieren.

Die P r i o r i t ä t e n a u s w a h l als Aufgabe des Verteilers könnte direkt vom Regieprozessor übernommen werden. Zur Vereinfachung des Betriebssystems und zur weiteren gerätetechnischen Parallelisierung wird dazu ein Zähler, der mit einem 3 Bit-Ausgang an den 1-aus-8-Binär-Dekoder 8205 angepaßt ist,

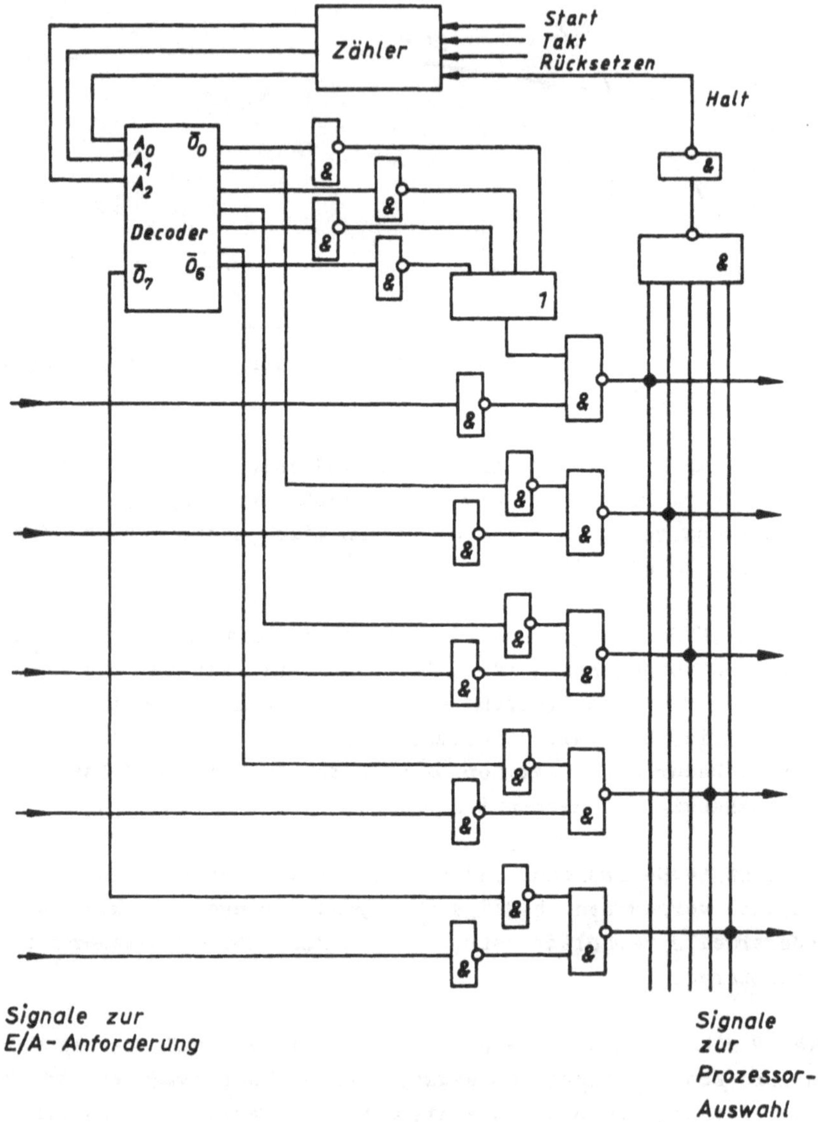

Bild 4: Prioritätenauswahl

in TTL-Logik eingesetzt. Dieser Zähler liefert umlaufend Signale von 000 bis LLL und befindet sich bei "Datenaustausch" im Halt-Zustand. Der Datenaustausch erfolgt, sobald für einen Parallelprozessor sowohl die Anforderung auf Datenaustausch als auch die Genehmigung durch Prioritätenauswahl anliegen.

Der Regieprozessor besitzt die höchste Priorität, die übrigen Prozessoren erhalten bei gleichzeitiger Anforderung ihren Zugriff zum K-RAM durch Rotationspriorität, wobei jedoch zwischen zwei Prozessoren jeweils der Regieprozessor einen Zugriff erhält. Der Zähler läuft weiter, sobald ein Signal das Ende des Datenaustausches angibt. Bild 4 zeigt eine Prinzipschaltung für die Steuerung der Bausteinauswahl.

Die Signale für die Auswahl eines Prozessors sind Steuersignale zum Durchschalten des System-Bus eines ausgewählten Prozessors auf den Sammel-Bus des 5-Prozessorsystems über Interface-Bausteine.

Das erfordert für einen Prozessor eine Ankopplung an den Sammel-Bus, wie sie in Bild 5 dargestellt ist.

Als Interface-Bausteine eignen sich dafür der 8-Bit-E/A-Schaltkreis 8212 mit Puffereigenschaft und der 4-Bit-Bus-Treiber/Empfänger 8216. Diese Schaltkreise nehmen ausgangsseitig entsprechend anliegender Steuersignale verschiedene Zustände (Tri-state) an und gestatten damit eine ausgewählte Ankopplung an den Sammel-Bus.

6. Einige programmierungstechnische Probleme

Die Programmierung des Parallelprozessorsystems hängt eng mit der gewählten Struktur und Steuerung zusammen. Die Eingabe des gesamten Anwenderprogrammes erfolgt über Lochbandleser auf den RAM des Regieprozessors.

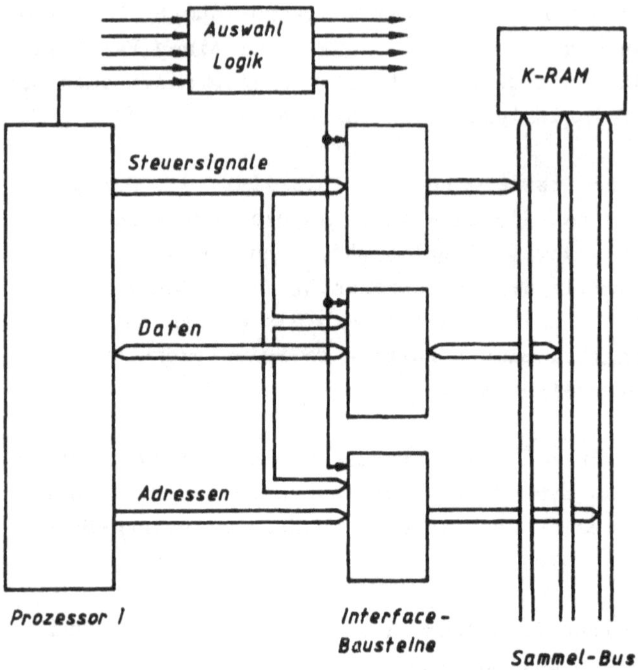

Bild 5: Ankopplung der einzelnen Prozessoren an den Sammel-Bus

Das Betriebssystem befindet sich auf dem ROM des Regieprozessors oder kann ebenfalls auf den RAM eingegeben werden. Es übernimmt die Verteilung der Programmstücke auf die Arbeitsspeicher der Parallelprozessoren. Die mögliche Aufgabenteilung für Parallelarbeit ist im Anwenderprogramm zu fixieren.

Eine höhere Form für eine spätere Ausbaustufe kann darin bestehen, daß z. B. vom Sprachverarbeitungssystem die mögliche Parallelarbeit erkannt und mit dem Ziel höchster Verarbeitungsgeschwindigkeit entsprechend der Hardwarestruktur eine Aufgabenteilung vorgenommen wird.

Das Betriebssystem enthält folgende Bestandteile, die weitgehend aus bereits realisierten, modularen Betriebssystemen übernommen werden

- Eingabe-Programm
- Lade-Programm
- Steuerprogramm, einschließlich der Moduln für Datenaustausch.

Der E/A-Prozessor arbeitet in der Lösungsphase zeitkritisch über seine Peripherie. Sein ROM enthält:

- E/A-Routinen und
- Kodewandlungsprogramme.

Zu diskreten Zeiten sind Ausgaben einzelner Werte erforderlich (Kurven, Tabellen). Für die geschlossene Ausgabe nach Ablauf der Lösungsphase liegt keine Echtzeitdringlichkeit mehr vor.

Die einzelnen Parallelprozessoren erhalten in der Ablaufphase "Aufgabenverteilung" die für ihre autonomen Parallelphasen erforderlichen Algorithmen auf ihren Lokalspeicher übertragen, der außerdem als Operativspeicher dient.

Bei dem Datenaustausch mit dem K-RAM können sowohl Daten vom oder zum Lokal-RAM einzelner Prozessoren transportiert werden, oder es werden für kleine Blocklängen, wie sie z. B. bei der numerischen Lösung von Differentialgleichungen auftreten, Werte direkt von Registern übergeben oder übernommen.

Für den Teilabschnitt "Ausgangskörbe leeren" innerhalb der Datenaustauschphase werden nachfolgend die einzelnen erforderlichen Schritte genannt. Aus dieser Zusammenstellung ist noch keine mögliche Parallelisierung der Steuerschritte erkennbar. Der Datentransfer betrifft nur einen Parallelprozessor.

Diese Schritte sind:

- Rücksetzen des Puffertreibers
- Ausgabe der Zieladresse für den K-RAM auf den System-Bus
- Ausgabe des Schreibsignals
- Puffern der Zieladresse durch Übernahmetakt
- Ausgabe der Quelladresse (Register oder Lokal-RAM)
- Ausgabe des Lesesignals
- Vorbereitung der Durchschaltung durch Übernahmeimpuls
- E/A-Anforderung an die Auswahllogik
- Ausgabe des Baustein-Freigabesignals durch die Auswahllogik.

Literatur:

/1/ Adler, H.; Stange, H.

Einsatz parallelverarbeitender Mehrmikroprozessorsysteme zur Simulation kontinuierlicher Prozesse. In: rechentechnik/ datenverarbeitung 17. Jahrgang (1980) Heft 4, S. 18 - 20

/2/ Ahrens, R.

Multiprozessorsysteme (Literaturstudie). AdW der DDR, Zentrum für Rechentechnik, Berlin 1978, Heftreihe: ZFR 78.07

/3/ Dienhold, V.

Betrachtungen zur Synchronisation paralleler Prozesse. Wissenschaftliche Beiträge der IH Dresden 6/1980 (in Vorbereitung)

/4/ Flynn, M. J.

Some Computer Organization and their effectiveness. IEEE Transaction on Computers C21(1972), S. 348 - 357

/5/ Großmann, K.-H.

Parallelprozessorstruktur. IH Dresden, Diplomarbeit 1980

/6/ Hirsch, R.

Leistungs- und Programmtest zur Untersuchung numerischer Einschrittverfahren für die Lösung gewöhnlicher Differentialgleichungen. IH Dresden, Arbeitsbericht 1979

/7/ Krug, W.

Numerische Verfahren zur Lösung von gewöhnlichen Differentialgleichungen. Institut für Luft- und Kältetechnik Dresden, Fachbericht RB 21/1977

/8/ Scheibner, H.-J.

Aufbau und Test einer Baugruppe auf der Basis mikroelektronischer Bauelemente. IH Dresden, Praktikumsbeleg 1980

/9/ Schulze, G.

Entwurf und Einschätzung eines Mehrmikroprozessorsystems unter den Bedingungen schneller Parallelarbeit. IH Dresden, Diplomarbeit 1979

/10/ Wende, I.; Ahrens, R.

Beziehungen zwischen Struktur und Eigenschaften von Multiprozessorsystemen. Wissenschaftliche Beiträge der IH Dresden 6/1979, S. 35 - 53

SIMULATION VON SYSTEMEN MIT VERTEILTEN PARAMETERN DURCH EINE OPTIMALE MEHREBENEN-STEUERUNG

M.Naumann, R. Straubel, A. Sydow
Zentralinstitut für Kybernetik und Informationsprozesse der AdW der DDR

1. Einführung

In den meisten Fällen sind sequentielle Berechnungsmethoden für eine direkte on-line Steuerung eines komplexen Systems mit verteilten Parametern, das durch partielle Differentialgleichungen beschrieben wird, zu zeitaufwendig. Die Rechenzeit kann wesentlich reduziert werden, wenn durch Diskretisierung der interessanten räumlichen Variablen in den partiellen Differentialgleichungen eine parallele Berechnung des sich dann ergebenden Systems (gekoppelter) gewöhnlicher Differentialgleichungen vorgenommen wird. [1], [2]

Für jede der gewöhnlichen Differential- oder Differenzengleichungen ist in einem Rechnernetzwerk ein Mikrorechner oder bei Verwendung eines Hybridrechners ein Integrator notwendig. Im Fall von nur zwei Variablen (Zeit- und Ortskoordinate) liefert dann die parallele Berechnung synchron die zeitveränderlichen Lösungen der Differentialgleichungen an jedem Diskretisierungspunkt der räumlichen Variablen.

Üblicherweise werden dabei äquidistante Diskretisierungspunkte verwendet. Da jedoch die Zahl der zur Verfügung stehenden Mikrorechner bzw. Integratoren sehr beschränkt ist, stellt die Auswahl der Diskretisierungspunkte ein kritisches Problem dar. Eine genauere Approximation läßt sich mit nichtäquidistanten Punkten erreichen, wenn der Auswahlvorgang durch einen (hierarchischen) Mehrebenen- Optimal-Steuerungsprozeß [3] koordiniert wird. Dann kann das komplexe - zu simulierende - System als ein Ensemble von Subsystemen

(=Integratoren) aufgefaßt werden, deren "lokale Anordnung" zu steuern ist. Die Interventionszeit für eine Änderung der Punkteanordnung hängt direkt von den Lösungsergebnissen ab.

Als lokale Zielfunktion für jedes Subsystem hat es sich als günstig erwiesen, das Produkt aus der zweiten räumlichen Ableitung und dem Abstand zum nächsten Diskretisierungspunkt (in vorgegebenen Grenzen) konstant zu halten. Als supremale Zielfunktion wird die Summe der lokalen Zielfunktionen angenommen mit der Beschränkung, daß die gegebene Zahl der Integratoren nicht überschritten werden darf.

Diese gesteuerte Lösungsprozedur führt zu einer durchschnittlich gleichen Genauigkeit der Lösung (innerhalb bestimmter Grenzen) über das ganze zeitliche und räumliche Berechnungsintervall. Wird dagegen innerhalb bestimmter Regionen dieses Intervalls eine größere Genauigkeit gewünscht, so kann das auf Kosten der Genauigkeit in den übrigen Regionen berücksichtigt werden.

2. Diskretisierungsprozedur

Wir betrachten eine partielle Differentialgleichung

$$F\left(\frac{\partial^l}{\partial t^l}y, \frac{\partial^{l-1}}{\partial t^{l-1}}y, \ldots, \frac{\partial}{\partial t}y, \frac{\partial^2 y}{\partial x^2}, \frac{\partial y}{\partial x}, y, x, t\right) = 0 \qquad (1)$$

für die Funktion $y(x,t)$, die das zu simulierende System beschreiben soll. Dabei bedeutet t die Zeit mit $0 \leq t \leq T$ und x die Raumvariable im Intervall $x_0 \leq x \leq L$. Der Grad der zeitlichen partiellen Ableitung ist beliebig; die räumliche partielle Ableitung soll dagegen zunächst nicht höher als zweiten Grades sein.

Betrachten wir die zweite räumliche partielle Ableitung als die erste Ableitung der ersten Ableitung, dann besteht das Problem der Approximation der partiellen Differentialquotienten durch Differenzenquotienten nur in der "besten" Approximation des ersten Differentialquotienten. So definieren wir ein Äquivalent

$$\frac{\partial y(x,t)}{\partial x} \sim \frac{y(x_{i+1},t) - y(x_{i-1},t)}{x_{i+1} - x_{i-1}} =$$

$$= \frac{y_{i+1}(t) - y_{i-1}(t)}{x_{i+1} - x_{i-1}} = \frac{\Delta y_i}{\Delta x} \qquad (2)$$

für nichtäquidistante Diskretisierungspunkte x_i mit $i = 1,2...,n$. Für den zweiten Differentialquotient folgt dann

$$\frac{\partial}{\partial x}\left(\frac{\partial}{\partial x} y(x,t)\right) \sim$$

$$\frac{\dfrac{y_{i+1}(t)-y_i(t)}{x_{i+1}-x_i} - \dfrac{y_i(t)-y_{i-1}(t)}{x_i-x_{i-1}}}{\frac{1}{2}(x_{i+1}-x_{i-1})} =$$

$$= 2\left[\frac{y_{i-1}(t)}{(x_{i+1}-x_{i-1})(x_i-x_{i-1})} - \frac{y_i(t)}{(x_{i+1}-x_i)(x_i-x_{i-1})} + \frac{y_{i+1}(t)}{(x_{i+1}-x_{i-1})(x_{i+1}-x_i)}\right] \qquad (3)$$

Mit (2) und (3) erhalten wir aus (1) ein System von n gekoppelten gewöhnlichen Differentialgleichungen, wobei jede Gleichung die Lösung $y(x_i,t)$ entlang des Punktes x_i = const. beschreibt.

3. Zielfunktion für die Diskretisierungsprozedur

Wenn $y(x,t)$ eine lineare Funktion von x im Intervall $[x_{i-1}, x_i]$ mit $x_{i-1} < x_i$ ist, gilt

$$\frac{\partial y(x_i,t)}{\partial x} - \frac{\partial y(x_{i-1},t)}{\partial x} = 0$$

Stattdessen fordern wir nur, daß gilt

$$\left| \frac{\partial y(x_i,t)}{\partial x} - \frac{\partial y(x_{i-1},t)}{\partial x} \right| \leq \varepsilon \; ; \; \varepsilon > 0,$$

wobei ε ein nichtverschwindender kleiner Wert bedeutet, der später bestimmt wird. Gemäß dieser Bedingung wählen wir für einen festen Zeitpunkt (längs der x-Koordinate) die diskreten Punkte. In Bereichen, in denen sich $\partial y / \partial x$ nur wenig ändert, werden wenige diskreten Punkte angeordnet. So ist es möglich, mehr Punkte in die Bereiche zu legen, wo ein größerer Linearisationsfehler beim Ersatz der Differentialquotienten durch Differenzenquotienten nur geringere Entfernungen zwischen den diskreten Punkten erlaubt.

Als supremale Zielfunktion für die optimale Approximation im ganzen Intervall $[x_o, L]$ definieren wir dann

$$Q = \sum_{i=0}^{n} \left(\varepsilon - \left| \frac{\partial}{\partial x} y(x_{i+1},t) - \frac{\partial}{\partial x} y(x_i,t) \right| \right)^2 = \tag{4}$$

$$= \sum_{i=0}^{n} (\varepsilon - |\Delta y_i'|)^2 \rightarrow \min$$

mit der Beschränkung

$$\sum_{i=0}^{n+1} x_i - L = x_{n+1} - x_o - L = 0.$$

wobei n der Zahl der zur Verfügung stehenden Integratoren entspricht. Dabei bedeutet $\varepsilon(n)$ eine obere Schranke für die durchschnittliche Approximationsgenauigkeit der Differentialquotienten durch Differenzenquotienten.

4. Notwendige Bedingungen für das Optimum

Die notwendigen Bedingungen für das Optimum von (4) sind die folgenden:

$$|\Delta y_i'| = \varepsilon + \mathrm{sign}(\Delta y_{i-1}')\mathrm{sign}(\Delta y_i') \\ (|\Delta y_{i-1}'| - \varepsilon) \qquad (5)$$

für i=1,2,...,n , was im Fall

$\mathrm{sign}\,(\Delta y_{i-1}') = \mathrm{sign}\,(\Delta y_i')$

$$|\Delta y_{i-1}'| = |\Delta y_{i-1}'|$$

und im Fall

$\mathrm{sign}\,(\Delta y_{i-1}') \neq \mathrm{sign}\,(\Delta y_i')$

$$|\Delta y_i'| = 2\varepsilon - |\Delta y_{i-1}'|$$

bedeutet und

$$\varepsilon = \begin{cases} |\Delta y_n'| - \mathrm{sign}(\Delta y_0')y_0'(x_{n+1}-x_0-L) \\ \quad (n + (y_{n+1}'/y_0')^2)^{-1} \\ \text{für } y_0' \neq 0 \\ |\Delta y_0'| - \mathrm{sign}(\Delta y_n')y_{n+1}'(x_{n+1}-x_0-L) \\ \quad (n + (y_0'/y_{n+1}')^2)^{-1} \\ \text{für } y_{n+1}' \neq 0 \end{cases} \qquad (6)$$

5. Lösungsprozedur des Differentialgleichungssystems

In Fig. 1 ist das Flußbild der Lösungsprozedur für einen Hybridrechner dargestellt. Zunächst müssen für den digitalen

Teil des Rechners die Anfangsbedingungen ($t = 0$) für $y=f(x,o)$ und $\partial y/\partial x=f'(x,o)$ in Form analytischer Ausdrücke oder als diskrete Probenwerte $y(x_i,o)$ eingegeben werden, wobei aus den eventuellen Probenwerten mit der LAGRANGEschen Interpolationsformel ein analytischer Ausdruck approximiert werden kann.

Im nächsten Schritt wird die optimale Verteilung der x_i innerhalb des Intervalls $[x_o,L]$ mit einem (hierarchischen) Zwei-ebenen-Steueralgorithmus (siehe Fig. 2) auf der Basis der Gln. (5) und (6) bestimmt. Dabei ermittelt die obere Koordinierungsebene unter der Annahme $x_{n+1}-x_o=L$ einen ersten Wert für ε_o als Koordinierungsvariable für die Subsysteme.

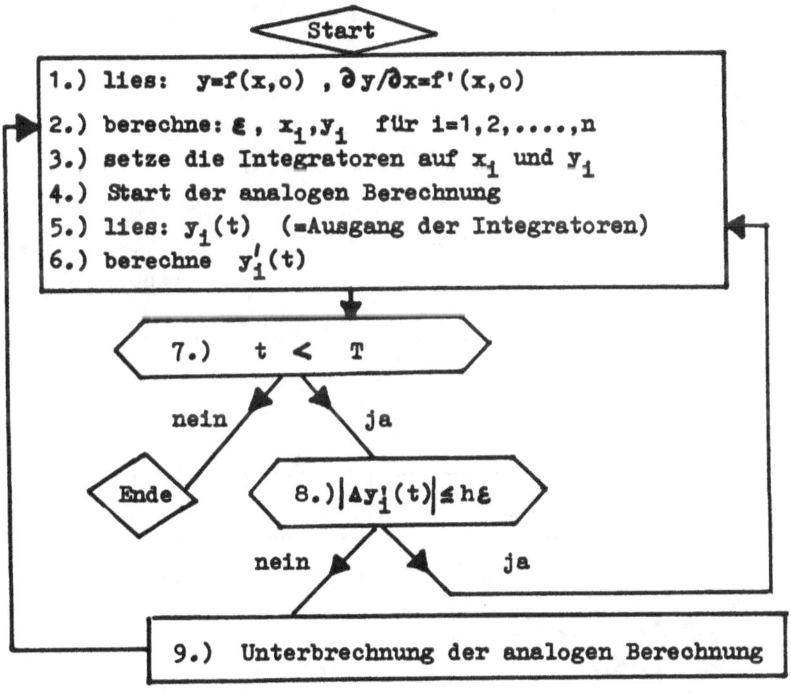

Fig. 1: Flußbild für einen Hybridrechner

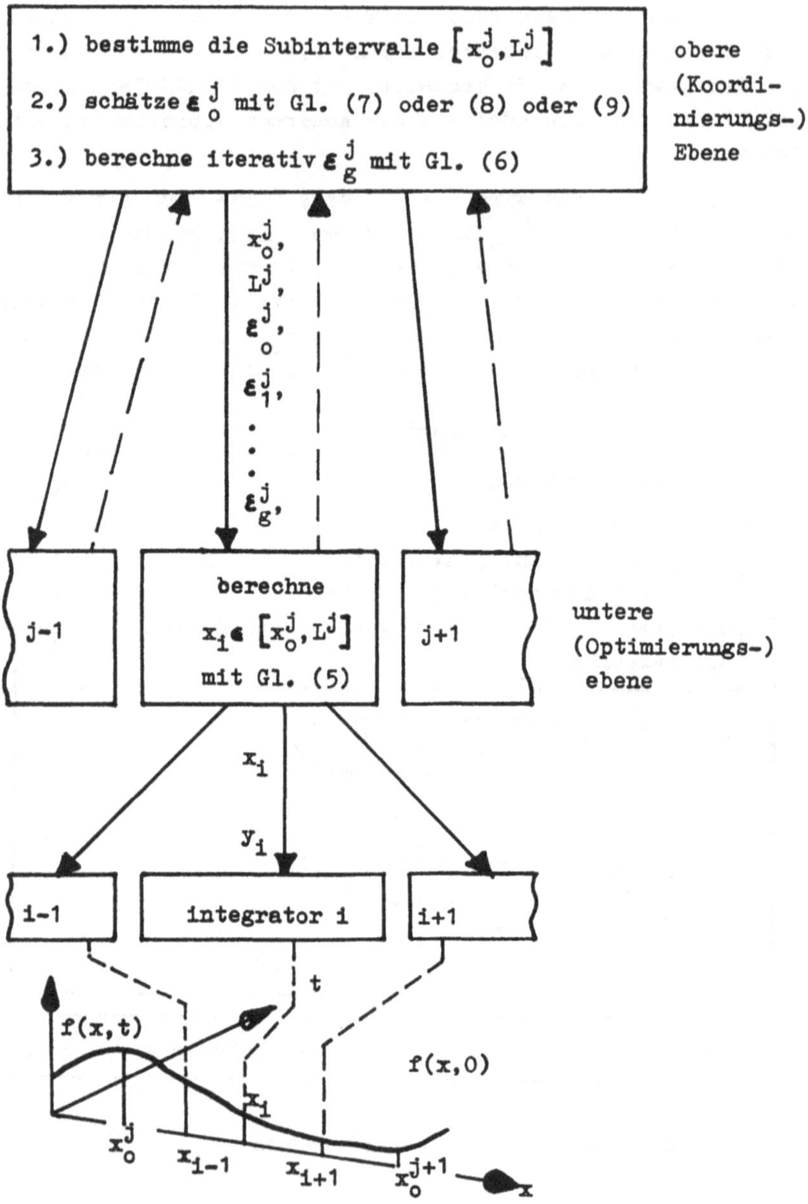

Fig. 2: Zwei-Ebenen-Steueralgorithmus

Für den Fall, daß $\partial y/\partial x$ im ganzen Intervall $[x_o,L]$ eine monotone Funktion ist, wird der erste Wert für ε_o nach der Formel

$$\varepsilon_o = \frac{|y'(L) - y'(x_o)|}{n + 1} \qquad (7)$$

bestimmt. Falls $\partial y/\partial x$ eine nichtmonotone Funktion ist, muß das Intervall $[x_o,L]$ in k Subintervalle $[x_o^j,L^j]$ mit $j=1,2,\ldots,k$ zerlegt werden, in denen $\partial y/\partial x$ wiederum monoton verläuft. In der Reihenfolge zunehmender Differenzen

$$a_j = |y'(L^j) - y'(x_o^j)|$$

werden dann - beginnend mit dem kleinsten a_j - so viele Subintervalle vernachlässigt, bis

$$\frac{\sum_j a_j}{\check{a}_j} < n+1,$$

wobei $\check{a}_j$ die letzte nicht vernachlässigte kleinste Differenz a_j bedeutet. Dann wird ein ε_o nach

$$\varepsilon_o = \frac{\sum_j a_j}{n + 1} \qquad \text{mit } \varepsilon_o \geq \check{a}_j$$

und für jedes Subintervall die aktuelle Zahl n_j den Integratoren nach

$$n_j = \text{integr} \quad (a_j/\varepsilon_o)$$

bestimmt, was wiederum zu einem

$$\varepsilon_o^j = a_j/n_j \qquad (8)$$

für jedes der k Subintervalle führt. Dabei gilt für die auftretenden Abweichungen die Abschätzung $|\varepsilon_o^j - \varepsilon_o| \leq a_j/n_j^2$, wobei immer

$$\sum_j n_j \leq n \qquad \text{ist.}$$

In dem Spezialfall, wo alle k Differenzen a_j gleich sind, wird eine maximale aktuelle Zahl $n_a \leq n$ von Integratoren nach

$$n_a = mk - 1$$

bestimmt (wobei m eine natürliche Zahl bedeutet), die zu Werten

$$\varepsilon_o^j = \frac{k\, a_j}{n_a + 1} = \frac{a_j}{m} \qquad (9)$$

für die einzelnen Koordinierungsvariablen führt. Wenn dabei kein $m \geq 1$ zu finden ist, wird die optimale Verteilungsprozedur der x_i automatisch abgebrochen, da dann die Zahl n der zur Verfügung stehenden Integratoren zu klein ist.

Die untere (lokale) Optimierungsebene der Steuerungshierarchie nach Fig. 2 realisiert (evt. in Parallelberechnung) Gl. (5) für jedes der k Subintervalle unter Berücksichtigung des Anfangswertes ε_o^j als Koordinierungsvorgabe. So wird unter Verwendung des (von der oberen Ebene ermittelten) analytischen Ausdrucks für y(x) die Verteilung der x_i innerhalb jedes Intervalls $[x_o^j, L^j]$ bestimmt.

Durch Rückmeldung des letzten Punktes x_i von jedem Subintervall an die obere Ebene wird dort ein neuer Wert ε_1^j nach Gl. (6) als eine spezielle "Straffunktion" mit der Substitution $|\Delta y_o'| = \varepsilon_o^j$ oder $|\Delta y_n'| = \varepsilon_o^j$ ermittelt. Dieser iterative Prozeß wiederholt sich solange, bis der letzte Punkt x_i jedes Subintervalls exakt am Intervallende liegt.

Danach werden alle Integratoren nach der so ermittelten optimalen Verteilung der x_i "plaziert". Nunmehr beginnt die analoge Berechnung. Für $t < T$ wird diese unterbrochen, wenn in irgendeinem Intervall $[x_i, x_{i+1}]$

$$|\Delta y_i'(t)| > h\varepsilon$$

ist, wobei h eine zu wählende obere Schranke für die maximale Abweichung von der optimalen Verteilung der x_i bedeutet. Dann muß die Optimierungsprozedur für die x_i dem nunmehr vorliegenden Verlauf y(x, t = const) neuerlich angepaßt werden.

Für eine bessere Übersicht der Berechnungsresultate $y(x,t)$ können diese wiederum für äquidistante Stützpunkte interpoliert und dargestellt werden. Schließlich endet die Berechnung, wenn $t = T$ gilt.

6. Fehlerabschätzung

Eine allgemein gültige Fehlerabschätzung für das beschriebene Berechnungsverfahren ist uneffektiv. Dagegen führen Abschätzungen für spezielle Klassen von partiellen Differentialgleichungen zu brauchbaren Resultaten. Für den Fall der Diffusionsgleichung wird hier eine a-priori-Defekt-Analyse dargestellt, die die Konvergenz des Verfahrens zeigt.

Mit der exakten Gleichung

$$\frac{\partial y(x,t)}{\partial t} - \frac{\partial^2 y(x,t)}{\partial x^2} = 0$$

und der approximierten Gleichung

$$\frac{\partial v(x,t)}{\partial t} - \frac{\partial^2 v(x,t)}{\partial x^2} =$$

$$= \frac{\partial v(x,t)}{\partial t} - D_{xx}v(x,t) + D_{xx}v(x,t)$$

$$- \frac{\partial^2 v(x,t)}{\partial x^2} = \eta(x,t) \tag{7}$$

für $0 \leq x \leq L$ und $0 \leq t \leq T$ (wobei $D_{xx}v$ den zweiten Differenzenquotienten analog der rechten Seite von Gl. (3) darstellt) hat der Defekt

$$\eta = D_{xx}v - \frac{\partial^2 y}{\partial x^2}$$

die Form

$$\eta(x_i,t) = \frac{\frac{\partial v(x_{i+1},t)}{\partial x} - \frac{\partial v(x_{i-1},t)}{\partial x}}{x_{i+1} - x_{i-1}} +$$

$$+ \frac{2}{(x_{i+1}-x_{i-1})}\left[\frac{R_{x,i+1}}{x_i-x_{i-1}} - \frac{R_{x,i-1}}{x_i-x_{i-1}}\right] -$$

$$- \frac{R^{(r)}_{xx,i} - R^{(l)}_{xx,i}}{x_{i+1} - x_{i-1}} \qquad (8)$$

wenn mit $R_{x,j}$, $R^{(r)}_{xx,j}$ und $R^{(l)}_{xx,j}$ die ersten und zweiten rechts - bzw. linksseitigen Restglieder einer TAYLOR-Entwicklung am Punkt x_j bedeuten. Unser Berechnungsverfahren sorgt für ein Verschwinden der Differenzen zwischen des Restgliedern in Gl. (8). So ergibt sich für den "Berechnungsdefekt"

$$\eta(x_i,t) \leq \frac{2\varepsilon}{(x_{i+1}-x_{i-1})} \quad .$$

In den Fällen, in denen nur einmal eine Berechnung der optimalen Verteilung x_i vorgenommen werden muß, können wir in Gl. (7) einen zeitunabhängigen Defekt $\hat{\eta} = \max_i \eta(x_i,t)$ als maximal möglichen Fehler zwischen der berechneten und der exakten (unbekannten) Lösung annehmen. Die Fehlerabschätzung der Norm $\| y-v \|^2$ führt dann zu dem Ergebnis

$$\frac{1}{L} \| y(T) - v(T) \|^2 = \frac{1}{L} \int_0^L dx(y-v)^2 \qquad (9)$$

$$\leq \frac{2\,\varepsilon^2\,L\,T}{[\min(x_{i+1}-x_{i-1})]^2} \quad ,$$

das einen beschränkten Berechnungsfehler liefert.

Praktische Berechnungen zeigen einen wesentlich kleineren Fehler

In Fig. 3 sind die Ergebnisse eines Berechnungsbeispiels für die Gleichung $y_t(x,t) - y_{xx}(x,t) = 0$ mit der Anfangsbedingung $y(x,o) = \exp(-x^2)$ und der Randbedingung $y(0,t)=1$, $y(5,t)= \exp(-25)$ dargestellt. Hier ist nur einmal eine Berechnung der optimalen Verteilung der benutzten 5 Integratoren an den Punkten $x_1,x_2,\ldots,x_5$ notwendig. Die Differenz zwischen der berechneten Lösung und dem (hier angebbaren) exakten Ausdruck der Lösung auf den Geraden x_i $(i=1,2,\ldots,5)$ ist kleiner als 3%, was schon durch den analogen Teil des Hybridrechners verursacht wird.

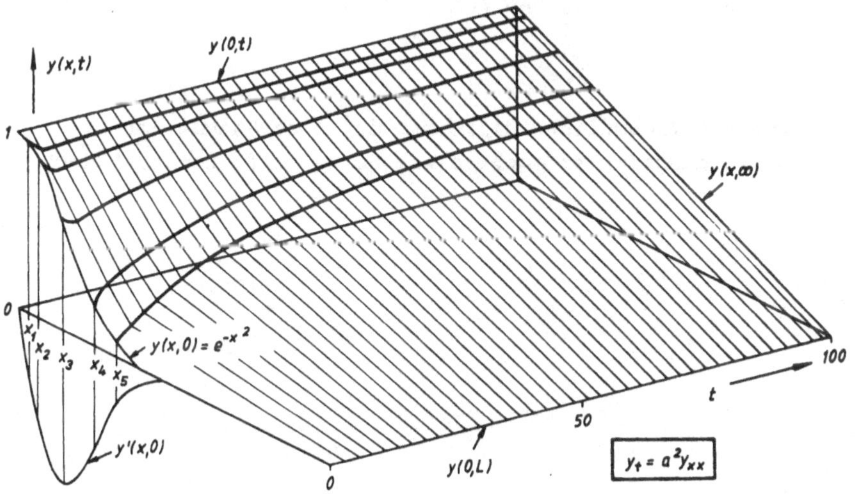

Fig. 3 Test-Beispiel für die Berechnung der Diffusionsgleichung

7. Literatur

1 Vichnevetsky, R., "Hybrid Methods for Partial-Differential Equations", Proc. 6th Int. Conf. AICA, Munich (197o), 33-43

2 Bekey, G.A., Karplus, W.J., "Hybrid Computation", Wiley Sons, Inc., New York (1968)

3 Mesarović, M.D., Macko, D., Takahara, Y., "Theory of Hierarchical, Multilevel Systems", Academic Press, New York (197o)

Für die freundliche Hilfe bei der Abschätzung des Berechnungsfehler möchten wir Herrn Prof. Gajewski danken.

ZUR FESTLEGUNG DES STÜTZSTELLENABSTANDES BEI DER SIMULATION UND MODELLIERUNG DISKRETER DYNAMISCHER SYSTEME

Lorenz, G., TH Leuna-Merseburg

1. Problemstellung

Moderne Verfahren zur Identifikation linearer dynamischer Systeme liefern in zunehmendem Maße Modelle, die sich in Form der z-Übertragungsfunktion G(z) repräsentieren. Sie lassen sich im allgemeinen in der Form

$$G(z) = \frac{b_o+b_1z^{-1}+b_2z^{-2}+ \dots +b_mz^{-m}}{1+a_1z^{-1}+a_2z^{-2}+ \dots +b_nz^{-n}} \qquad (1)$$

mit $z=e^{pT_t}$, $p=\sigma + j\omega$, T_t ... Stützstellenabstand darstellen.

Ihre Rücktransformation ergibt eine Differenzengleichung

$$y(k) = -a_1y(k-1)-a_2y(k-2)-\dots-a_ny(k-n)+b_o+b_1x(k-1)+b_2x(k-2)+ +\dots+b_mx(k-m) \qquad (2)$$

Dabei sind die x(k-i), y(k-j) die Stützwerte des Eingangssignals x(t) bzw. des Ausgangssignals y(t), die im Abstand T_t bereitgestellt werden.

Die Differenzengleichung (Gl.(2)) kann unmittelbar für die digitale Simulation des durch Gl.(1) gegebenen dynamischen Systems verwendet werden. Umgekehrt kann unter Ausnutzung der bekannten Zusammenhänge zwischen dem p- und dem z-Bereich bei gegebener Übertragungsfunktion G(p) in einfacher Weise die zugehörige Differenzengleichung (Gl.(2)) ermittelt werden /1/.

Die dadurch gewonnenen Simulationsalgorithmen sind unkompliziert und lassen in einfacher Weise eine Verknüpfung einzelner dynamischer Blöcke zu. Bedingt durch den Charakter der z-Übertragungsfunktion als Impulsübertragungsfunktion weisen sie gegenüber herkömmlichen Simulationsverfahren (z.B. mehrstufige

Runge-Kutta-Verfahren) eine bemerkenswerte Eigenschaft auf: Bei stufenförmigen Eingangssignalen (speziell Sprungfunktionen), bei denen die Sprünge an den Stützstellen erfolgen, erfolgt eine fehlerfreie Berechnung der Stützwerte des Ausgangssignals unabhängig von der Wahl des Stützstellenabstandes T_t!
Bei andersartigen Eingangssignalen ist wie bei allen anderen Verfahren eine bestmögliche Startschrittweite für den Rechenzeitaufwand entscheidend. Auch für exakte Stufenfunktionen als Eingangssignale ist zu berücksichtigen, inwieweit bei dem gewählten Stützstellenabstand das berechnete Ausgangssignal die Dynamik des Systems ausreichend wiedergibt. Damit sind Überlegungen zur Festlegung des Stützstellenabstandes T_t auch hier erforderlich.

2. Ermittlung der Koeffizienten der Differenzengleichung aus der Übertragungsfunktion G(p)

Stellt man die Ausgangsgröße im p-Bereich in der Form

$$y(p) = G(p) \cdot x(p) = \frac{Z(p)}{M(p)} \qquad (3)$$

dar, dann erhält man die Ausgangsgröße y(z) im z-Bereich durch

$$y(z) = \sum_{k=1}^{K} A_k \frac{z}{z-z_k} \quad , \qquad (4)$$

wobei $z_k = e^{p_k T_t}$ ist, wenn die p_k die Pole von G(p) sind.
Die Koeffizienten A_k gewinnt man durch Partialbruchzerlegung der gebrochenen rationalen Funktion y(p) (Gl.(3)), also durch

$$A_k = \frac{Z(p_k)}{\left(\frac{dN}{dp}\right)_{p=p_k}} \qquad (5)$$

Dabei ist für x(t) ein beliebiges, möglichst einfaches Eingangssignal vorzugeben, z.B. der Einheitssprung, so daß

$x(p) = \frac{1}{p}$ und $x(z) = \frac{z}{z-1}$ ist.

Durch Bildung von $G(z)=y(z)/x(z)$ und ordnen des Zähler- und Nennerpolynoms nach Potenzen von z^{-1} erhält man dann die a_j und b_i als Koeffizienten der entsprechenden Potenzen von z^{-1}. Für die wichtigsten Übertragungsglieder sind diese Koeffizienten in Tafel 1 zusammengestellt.

3. Gesichtspunkte zur Wahl des Stützstellenabstandes

Der Fehler, der durch die Approximation des kontinuierlichen Ausgangssignals durch eine Folge von digital berechneten Stützwerten im Abstand T_t entsteht, wird durch die Dynamik des kontinuierlichen Ausgangssignals bestimmt. Diese ergibt sich aus der Dynamik des Eingangssignals und der Dynamik des Übertragungssystems. Viele Verfahren zur Festlegung des Stützstellenabstandes berücksichtigen ausschließlich die Systemdynamik. Die Problematik der außerordentlichen Vielfalt der möglichen Eingangssignale wird meist dadurch umgangen, daß man von Eingangssignalverläufen ausgeht, die eine Abschätzung von T_t nach der sicheren Seite liefern sollten. Häufig wird dazu ein sprungförmiges Eingangssignal herangezogen /2/. Diese Vorgehensweise ist außerordentlich problematisch, da man leicht zeigen kann, daß z.B. sinusförmige Eingangssignale in Abhängigkeit von ihrer Frequenz bei gleichem Fehler des digital berechneten Ausgangssignals z.T. um Größenordnungen kleinere Stützstellenabstände erfordern können. Eine präzisierte Berücksichtigung der dynamischen Eigenschaften des Eingangssignals kann daher zu deutlichen Rechenzeiteinsparungen führen.

Eine befriedigende Darstellung der dynamischen Eigenschaften des Eingangssignals ist eigentlich nur über seine spektrale Darstellung möglich. Für die Abschätzung des Stützstellenabstandes wurde daher der Frequenzgang des diskretisierten dynamischen Systems herangezogen.

4. Ermittlung des Frequenzgangfehlers des diskretisierten Systems

Als Grundlage für die Abschätzung von T_t diente der relative Frequenzgangfehler

$$\varepsilon_f(\omega)= \frac{/G_k(j\omega)/ - /G_d(j\omega)/}{/G_k(j\omega)/} \quad , \qquad (6)$$

wobei $/G_k(j\omega)/$ und $/G_d(j\omega)/$ die Beträge der Frequenzgänge des kontinuierlichen bzw. disktretisierten Systems sind. Für den betrachteten Simulationsalgorithmus läßt sich $/G_d(j\omega)/$ in einfacher Weise aus Gl.(1) berechnen, in dem man $z = e^{j\omega T_t}$ setzt. $/G_k(j\omega)/$ ergibt sich unmittelbar aus der zugehörigen Übertragungsfunktion G(p).
Die Abhängigkeit des relativen Frequenzganfehlers $\varepsilon_f(\omega)$ vom Stützstellenabstand und den Zeitkonstanten des Übertragungssystems wurde für PT_1-, PT_{2s} - und PDT_2 - Übertragungsglieder untersucht. Die meisten komplizierteren Übertragungsglieder, , durch die die Dynamik realer technischer Übertragungssysteme wiedergegeben wird, lassen sich auf Kombinationen dieser Grundglieder zurückführen.
Die Ergebnisse der Berechnungen sind in Bild 1 und 2 dargestellt, wobei auf der Abzisse die Frequenz in einer geeigneten Normierung abgetragen ist. Für $\omega \rightarrow 0$ gilt $\varepsilon_f(\omega) \rightarrow 0$.
Für wachsende Frequenzen wird der Fehler i.a. größer.

Der erstgenannte Sachverhalt weist darauf hin, daß stationäre Zustände durch den Simulationsalgorithmus unabhängig von T_t fehlerfrei berechnet werden.
Die grundsätzliche Begrenzung der Gültigkeit der aus den Bildern ersichtlichen Trends nach hohen Frequenzen hin wird selbstverständlich durch das Abtasttheorem gegeben, wonach die maximale noch sinnvoll zu betrachtende Frequenz ω_{max} bei $\omega_{max} = \frac{\pi}{T_t}$ liegt. Im Verlauf des nach Gl. (1) berechneten Frequenzgangs $G_D(j\omega)$ drückt sich dies in einer Periodizität mit der Frequenz $\omega_p = 2\pi/T_t$ aus. Für Frequenzen $\omega \rightarrow \infty$ wächst daher der Fehler

außerordentlich schnell an.
Bild 1 zeigt die Abhängigkeit von $\varepsilon_f(\omega)$ bei PT_1- und PT_{2s}-Übertragungsgliedern vom Verhältnis T_1/T_t bzw. T_2/T_t.

Dabei sind die Werte T_1 und T_2 entsprechend Tafel 1 definiert. Es ist interessant, daß bei Verwendung einer normierten Frequenz von ωT_1 bzw. ωT_2 als Abzissenmaßstab die Fehlerverläufe für PT_1- und PT_{2s}-Glieder deckungsgleich sind. Weiterhin ist bemerkenswert, daß bei PT_{2s}-Übertragungsglieder der Fehler im untersuchten Bereich von $0{,}0625 \leq D \leq 0{,}5$ des Dämpfungsgrades $D = T_1/2\,T_2$ vom Dämpfungsgrad unabhängig ist.

Bild 2 zeigt die Auswirkung von differenzierenden Anteilen (D-Übertragungsgliedern) auf den Fehler ε_f. Die entsprechenden Untersuchungen wurden an einem PDT_2- Übertragungsglied mit der Übertragungsfunktion

$$G(p) = \frac{K(1+Tvp)}{(1+T_1p)^2}$$

durchgeführt. Die Auswahl dieses Typs von Übertragungsfunktion erlaubt einen günstigen Vergleich mit den Ergebnissen für das PT_1-Übertragungsglied ($T_1/T_v = 1$).
Als Parameter wurde das Verhältnis T_1/T_t bei vorgegebenem T_v/T_1 verwendet. Auf der Abzisse wurde als normierte Frequenzvariable $\omega' = \omega T_1$ aufgetragen.
Man erkennt im Vergleich mit Bild 1, daß in jedem Falle ein D-Anteil des Übertragungsgliedes eine Vergrößerung des Fehlers vor allem nach niedrigen Frequenzen hin verursacht, die einige Größenordnungen betragen kann. Nach hohen Frequenzen hin geht $\varepsilon_f(\omega)$ gegen einen konstanten Wert, wobei mit wachsenden Werten von T_v/T_1 diese Frequenzunabhängigkeit bei immer niedrigeren Frequenzen deutlich wird. Für Werte von T_t/T_1 ändert sich dieser Endwert etwa proportional zu T_t/T_1.

5. Festlegung des Stützstellenabstandes aus dem Frequenzgangfehler

Der in Bild 1 und 2 dargestellte Frequenzgangfehler ist ein

Maß für die Verfälschung der Dynamik des Systems und damit der Dynamik der Ausgangsgröße, die durch die endliche Wahl des Stützstellenabstandes T_t entsteht. In der Regel ist der Zusammenhang zwischen dem Fehler der Amplitude des berechneten Signals, der bei der Simulation in erster Linie vorgegeben wird, und dem Fehler der Dynamik des Signals unbekannt, da seine theoretische Herleitung für die unterschiedlichsten Signalverläufe außerordentlich aufwendig ist. Ein unter bestimmten Gesichtspunkten festgelegter Amplitudenfehler sichert daher nicht von vornherein eine ausreichend gute Wiedergabe der Signaldynamik. Dies wird besonders deutlich bei dem hier beschriebenen Verfahren: Da z.B. die Stützwerte der Sprungantwort unabhängig vom Stützstellenabstand beliebig genau berechnet werden können, gibt bei sehr großen T_t die Folge der berechneten Stützstellen den durch die Dynamik bestimmten Übergangsvorgang nicht mehr wieder. In diesem Falle muß T_t so bestimmt werden, daß ein vorgegebener Frequenzgangfehler nicht überschritten wird. Dazu können die in Bild 1 und 2 dargestellten Diagramme benutzt werden.
Für andersartige Verläufe des Eingangssignals muß offensichtlich deren spektraler Charakter berücksichtigt werden. Man gewinnt eine Abschätzung des zu erwartenden Amplitudenfehlers, indem man über den Frequenzbereich des Eingangssignals unter Verwendung von Bild 1 bzw. Bild 2 einen mittleren gewichteten Fehler bildet. Dabei ist der Wichtungsfaktor für die einzelnen Frequenzbereiche durch die zugehörige Signalamplitude gegeben.

Besonders einfach wird dieses Verfahren bei schmalbandigen Eingangssignalen. Zur Überprüfung dieses Sachverhalts wurden als Eingangssignale sinusförmige Verläufe verwendet. Die Untersuchungen bei unterschiedlichen Übertragungsgliedern, Frequenzbereichen und Fehlerklassen führte durchweg zu geeigneten Festlegungen des Stützstellenabstandes. Der empirisch ermittelte Wert T_{te} von T_t lag stets im Bereich von $1 \leqq T_{tb}/T_{te} \leqq 2$, wobei T_{tb} der aus den Diagrammen berechnete Wert war. Die Abweichungen können auf Interpolationsfehler des Eingangssignals zurückgeführt werden, das ja durch eine Treppenfunktion approximiert werden muß.

Gleichzeitig wurde ein Vergleich mit einem herkömmlichen Integrationsverfahren (4-stufiges Runge-Kutta-Verfahren nach Gill) durchgeführt. Es wurde festgestellt, daß für Bandpaßsignale die berechneten Diagramme ebenfalls für unterschiedlichste Situationen gute Abschätzungen für T_t lieferten. Die empirisch ermittelten Werte T_{te} lagen hier im Bereich von $0{,}5 \leqq T_{tb}/T_{te} \leqq 1$. Das verwendete Runge-Kutta-Verfahren konvergierte also für die genannten Bedingungen etwas besser als das beschriebene Verfahren. Dies ist offensichtlich auf die Berücksichtigung der Zwischenwerte zurückzuführen, auf denen das genannte RK-Verfahren beruht.
Der Rechenzeitvergleich beider Verfahren ergab, daß bei gleicher Zahl der Stützstellen und gleicher Zahl von Iterationen für den Stützstellenabstand das RK-Verfahren die 4-fache Rechenzeit benötigt. Da aber das RK-Verfahren etwas schneller konvergiert, dürfte bei vorgegebenem Fehler des Stützstellenwertes des Ausgangssignals der Rechenzeitaufwand bei beiden Verfahren in etwa gleich sein.

6. Zusammenfassende Darstellung und Probleme

Die Festlegung des Stützstellenabstandes T_t erfordert die Berücksichtigung der dynamischen Eigenschaften des Eingangssignals. Die Verwendung von Sprungfunktionen als Testsignal liefert nicht immer Werte von T_t, die optimal sind, insbesondere nicht bei schmalbandigen Eingangssignalen. Für das beschriebene Verfahren, bei dem die Koeffizienten der Differenzengleichung mit Hilfe der z-Transformation gewonnen werden, kann der Frequenzgangfehler als Maß für den Fehler der Systemdynamik für alle linearen Übertragungsglieder berechnet werden. Bei Kenntnis der spektralen Eigenschaften des Eingangssignals ist daraus der Stützstellenabstand abschätzbar.
Die aus den berechneten Diagrammen ersichtlichen Fehlertendenzen, die sich für die verschiedenen Übertragungsglieder ergeben, dürften in weiten Bereichen auch für herkömmliche Integrationsverfahren gültig sein, was durch eine Reihe von Untersuchungen belegt wurde. Deutliche Abweichungen sind vor

allem für $\varepsilon_f \to 0$ zu erwarten.
Das Verfahren setzt Überlegungen zu den spektralen Eigenschaften voraus, was zusätzliche Aufwendungen bei der Vorbereitung der Simulation erfordert. Weiterhin ist die Kenntnis der Gesamtübertragungsfunktion des untersuchten Systems erforderlich, um eine Zerlegung in die genannten Grundglieder durchführen zu können. Die Ermittlung der Gesamtübertragungsfunktion kann bei komplexen Systemen mit einer größeren Zahl von Rückführungen und Aufspaltungen von Signalpfaden sehr aufwendig sein und macht ebenfalls umfassendere Aktivitäten in der Vorbereitungsphase notwendig. Entsprechend sinkt der Aufwand (Rechenzeit) in der Realisierungsphase. Die Entscheidung zur Anwendung der dargestellten Vorgehensweise ist daher stets dadurch bedingt, wie die zulässigen Aufwendungen situationsbedingt auf Vorbereitungs- und Realisierungsphase verteilt sind.

Literatur

/1/ Vich, R.: Z-Tranformation
VEB Verlag Technik, Berlin 1964

/2/ Jentsch, W.: Digitale Simulation kontinuierlicher Systeme
Oldenbourg Verlag, München, Wien 1969

Typ	G(p)	a_j, b_i
p	K	$b_o = K$
pT_1	$\frac{K}{1+T_1p}$	$b_o = 0$ $b_1 = K(1-\exp(-T_t/T_1)$ $a_1 = -\exp(-T_t/T_1)$
DT_1	$\frac{Tvp}{1+T_1p}$	$b_o = Tv/T_1$ $b_1 = -b_o$ $a_1 = -\exp(-T_t/T_1)$
PDT_1	$\frac{K(1+Tvp)}{1+T_1p}$	$b_o = K \cdot Tv/T_1$ $b_1 = K(1-Tv/T_1-\exp(-T_t/T_1)$ $a_1 = -\exp(-T_t/T_1)$
PT_{2S}	$\frac{K}{1+T_1p+T_2^2p^2}$ $\frac{T_1}{2T_2} < 1$	$b_o = 2/A/\cos(\varphi) + K$ $b_1 = -2/A/(\exp(2T_t)\cos(\beta T_t-\varphi)+\cos\varphi)+Ka_1$ $b_2 = 2/A/\exp(\alpha T_t)\cos(\beta T_t-\varphi) + Ka_2$ $a_1 = 2\exp(\alpha T_t)\cos(\beta T_t)$ $a_2 = \exp(2\alpha T_t)$ $\alpha = -T_1/2T_2^2$ $\beta = \frac{1}{T_2}\sqrt{1-T_1^2/4T_2^2}$ $p_o = \alpha + j\beta$ $A = \frac{K}{p_o(T_1+2p_oT_2^2)}, \varphi = \arg(A)$

Tafel 1: Koeffizienten der Differenzengleichungen der wichtigsten Übertragungsglieder

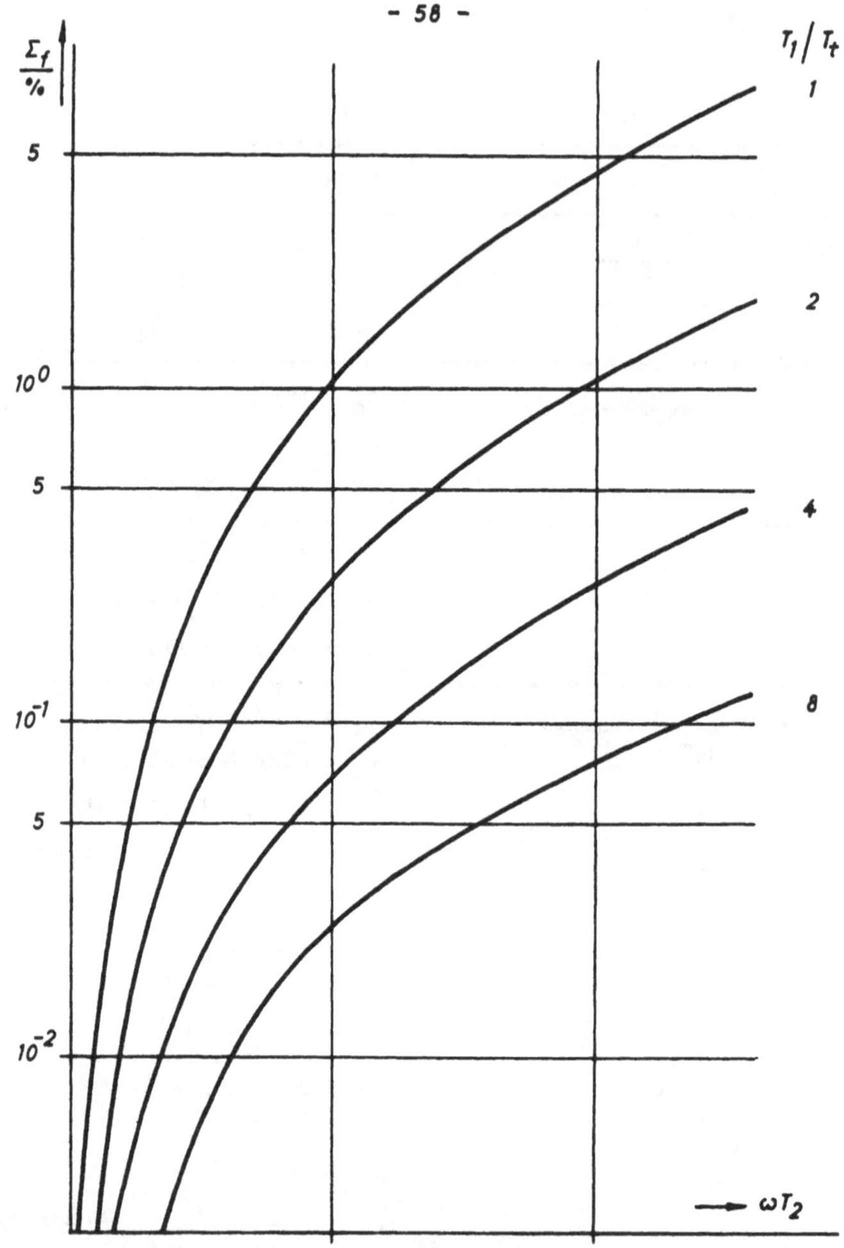

Bild 1: Frequenzgangfehler eines PT_1-(PT_{2s}-) Übertragungsgliedes

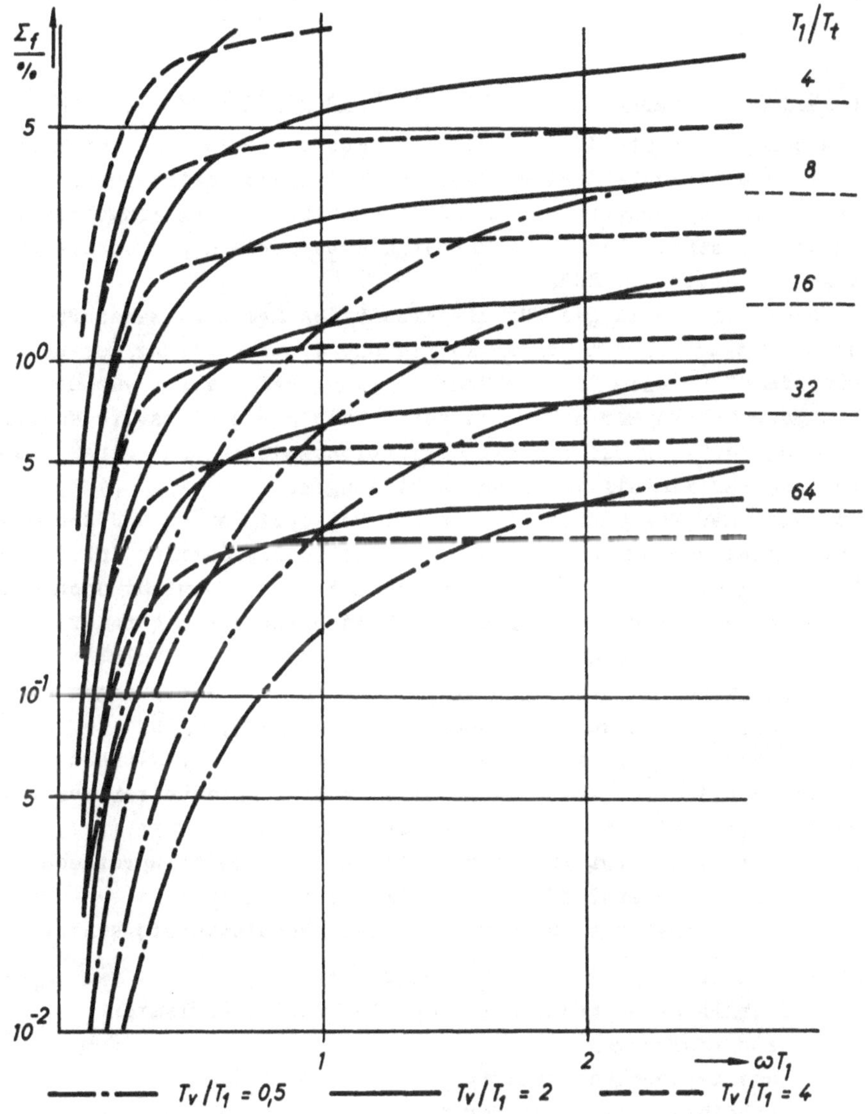

Bild 2: Frequenzgangfehler eines PDT_2-Übertragungsgliedes

Beiträge zur Theorie und Anwendung unscharfer Systeme aus dem interdisziplinären Seminar "Unscharfe Modellbildung"

M. Peschel und S.F. Bocklisch

Entstehungsgeschichte des Seminars "Unscharfe Modellbildung"

Das Seminar entstand im Jahre 1972, wurde bis 1976 an der Technischen Hochschule Karl-Marx-Stadt am Wissenschaftsbereich Technische Kybernetik durchgeführt und ist seitdem eingeordnet in den Forschungsbereich Mathematik/Kybernetik der Akademie der Wissenschaften der DDR.
Anfangsfragestellungen für die Arbeit des Seminars waren Probleme der unscharfen Systemtheorie und die Ausnutzung der unscharfen Denkweise für die Modellbildung bei realen Systemen. Ein Schwerpunkt war dabei von vornherein die qualitative Modellbildung, d.h. Aufbau von Klassifikationsmodellen und deren Ausnutzung für Klassifikationsentscheidungen.
Im Laufe der Zeit wurden Fragen der Polyoptimierung und der Modellierung von Evolutionsprozessen mit in das Seminar integriert. Die Integration der Polyoptimierung lag nahe, entsteht doch das Problem der mehrkriteriellen Entscheidungsprozesse geradezu aus dem unscharfen Charakter des Begriffs "Güte". Die Evolutionsprozesse sind ein wichtiger Gegenstand für Erstanwendungen der Lösungsprozeduren aus der unscharfen Modellbildung und der Entscheidungstheorie. Dadurch wurde das Seminar immer attraktiver, so daß heute aktiv auf diesem Gebiet tätige Mitarbeiter aus folgenden Einrichtungen an dem Seminar teilnehmen:

AdW: Zentralinstitut für Kybernetik und Informationsprozesse
Zentralinstitut für Mathematik und Mechanik
Zentralinstitut für Herz-Kreislauf-Regulationsforschung

MHF: Technische Hochschule Karl-Marx-Stadt
Technische Hochschule für Chemie "Carl Schorlemmer" Leuna-Merseburg
Ingenieurhochschule Zittau
Humboldt-Universität Berlin

und aus der Industrie

Institut für Nachrichtentechnik (INT) Berlin.

Beiträge von Mitwirkenden des Seminars konnten auf den IFAC-Weltkongressen in Boston (USA) und Helsinki (Finnland) und auf dem IFAC-Symposium "Identification and System Parameter Estimation" 1979 in Darmstadt (BRD) vorgestellt werden.
In gewissen Abständen werden Seminarberichte publiziert, die relativ abgeschlossene Arbeiten von Teilnehmern des Seminars zusammenfassend darstellen. Bisher sind folgende Seminarberichte erschienen:
Unscharfe Modellbildung und Steuerung:

Teil 1: Anwendung auf Probleme der Klassifikation, Zeitreihenvorhersage und Steuerung technischer Prozesse, 1977

Teil 2: Anwendung auf Probleme der Diagnose, der unscharfen Steuerung technischer Prozesse, der Modellierung von Wachstumsprozessen, der Ökologie und makroökonomischen Entscheidung, 1979

Teil 3: Unscharfe Clustertechniken, unscharfe Zuordnungsprobleme, Lösung hochdimensionaler Probleme, unscharfe Gleichungsauflösung, unscharfes Problemlösen zur Steuerung technologischer Prozesse, unscharfe Präferenzrelationen, Parameteridentifikation bei nichtlinearen Systemen, unscharfe Prozeßsteuerung und Strukturbildungsverfahren 1980.

Wesentlich durch das Seminar befruchtet wurden die Monographien "Modellbildung für Signale und Systeme" und "Ingenieurtechnische Entscheidungen" von M. Peschel. (VEB Verlag Technik Berlin)

Zum Profil der im Seminar bearbeiteten Probleme

In der unscharfen Systemtheorie werden Objekte, die in der deterministischen Theorie konzentrierte Objekte sind, wie Punkte, Vektoren, Zeitfunktionen, verwaschene Objekte, die man in erster Näherung durch determinierte Verteilungen, sog. Unschärfeverteilungen beschreibt. Der Wert der Unschärfeverteilung gibt den Grad der Zugehörigkeit der betreffenden Bezugsstelle zum betrachteten Objekt an. Die deterministische Systemtheorie ist unter zwei Aspekten zu sehen:

- als Theorie deterministischer Relationen, d.h. Dateien

mit wohldefinierten zugehörigen Tupeln
- als Sammlung verschiedenartiger algebraischer Strukturen, die eine rechnerische Verknüpfung, Darstellung, Umformung und Vereinfachung der Objekte ermöglichen.

Mühelos läßt sich mit dem Begriff der mehrdimensionalen Unschärfeverteilung die Theorie der unscharfen Relationen aufbauen und bildet die Grundlage zwischen unscharfen Merkmalsbeziehungen bei relativ einheitlichen Gegenständen wie physikalisch-technischen Systemen in einem bestimmten Zustand, bei Krankheiten usw.. Die Theorie der unscharfen Relation ist die Grundlage für qualitative Modelle, die man zum Zwecke der Klassifikation benötigt. Komplizierter ist es mit der Frage der algebraischen Strukturen in der unscharfen Systemtheorie. Hier ist die Theorie trotz der Existenz einer Fülle sehr abstrakter Arbeiten als unterentwickelt zu bezeichnen.
Zwei typische Operationen spielen eine zentrale Rolle:
Konjunktion: Operation der Herausfilterung von Gemeinsamkeiten in unscharfen Objekten
Disjunktion: Operation der Vereinigung der in mehreren unscharfen Objekten enthaltenen Information

Diese Operationen stehen in Analogie zur Multiplikation und Addition der Arithmetik.
Von uns wurden folgende Typen möglicher solcher Operationspaare diskutiert und für praktische Anwendungen ausgenutzt:
- min(a,b) als Konjunktion, max(a,b) als Disjunktion
  Dies entspricht der mehrwertigen Logik nach Lukasiewicz und auch den ursprünglichen Intensionen von Zadeh.
  Es zeigt sich, daß das Rechnen mit diesen Operationen bei Unschärfeverteilungen sehr stark auf das Rechnen mit den Verteilungsträgern im Sinne der bekannten Intervallarithmetik hinausläuft.
- $F^{-1}(F(a).F(b))$ = conj.(a,b) und $F^{-1}(F(a)+F(b))$=disj.(a,b)
  Dabei ist F eine beliebige monotone Funktion.
  Diese Konstruktionen verallgemeinern die gewöhnliche Multiplikation und Addition und wurden ausführlich von Gössel und Hamacher diskutiert. Dies führt zu Verallgemeinerung der

üblichen linearen Systemtheorie, die Verwandtschaft zur üblichen Arithmetik ist jedoch noch sehr groß.

- Indirekte Konstruktionen, bei denen die Aspekte der Informationsfilterung und Informationszusammenfassung in entsprechenden heuristischen Verknüpfungsregeln erfaßt werden, die man dann nachträglich als Konjunktion oder Disjunktion deklarieren kann. Der Nachteil dieser Vorgehensweise, die sich bei vielen praktischen Problemen bewährt hat, besteht darin, daß eine rechnerische, d.h. analytische Vereinfachung von Darstellungen sich dabei nicht durchführen läßt.

Mit einer allgemeinen Disjunktion und Konjunktion läßt sich eine unscharfe Systemtheorie aufbauen, allerdings bis heute nicht mit all den analytisch reichen Details, wie die bekannte deterministische Theorie. Ein großes Problem liegt in der Freizügigkeit der Wahl dieser Operationen, die ja erfordert, daß in jedem konkreten Fall eine möglichst sachkundige Auswahl getroffen wird, was häufig nur über Versuche und Sammlung von Erfahrungen geht.

Unscharfe Zahlen sind natürlich nicht mehr δ-Funktionen, sondern sind durch impulsförmige Unschärfeverteilungen zu repräsentieren. Eine zugehörige unscharfe Arithmetik, die auf allgemeiner Konjunktion und Disjunktion aufbaut, ist zwar möglich (Tanaka), jedoch viel zu kompliziert, um von praktischer Bedeutung zu sein. Vereinfachungen mit akzeptablen Lösungen ergeben sich in Spezialfällen z.B. bei min, max, jedoch läuft diese Arithmetik im wesentlichen wieder auf die Verknüpfung der Träger der Elementarverteilungen im Sinne der Intervallarithmetik hinaus. Bemerkenswert dabei ist, daß es in einer Folge von Operationen immer nur zu einem monotonen Anwachsen der Unschärfe kommen kann. Für die Modellbildung benötigt man bestimmte Systemkonzepte, d.h. der Rahmen muß abgesteckt werden, innerhalb dessen die angestrebte Systembeschreibung liegen soll.
Üblicherweise verwendet man eigentlich generell parametrisierte Konzepte, d.h. man gibt sich formelmäßig einen bestimmten Rahmen mit freien Parametern vor, mit denen man eine gewisse Flexibilität in Struktur und Funktion widerspiegelt.
Für mehrdimensionale unscharfe Relationen haben sich Ansätze der

folgenden Art sehr bewährt:

$$\varphi(u) = \frac{A}{1 + \varkappa((u-u^o)^T \mathcal{Q}(u-u^o))^d}$$

Hierin ist A ein Relevanzparameter für den gesamten Ansatz, $\varkappa$ ein Unschärfeparameter, der in der Regel beginnend bei kleinen Werten monoton in Prozesse der Informationsanpassung erhöht wird und damit zu einer bestimmten Verschärfung der Beschreibung führt, u^o ein Referenzpunkt, der ein gewisser Ersatz für das unscharfe Objekt als deterministisches Objekt ist, Q ist eine quadratische Form - in der Regel positiv definit - und d ist ein Parameter zur Steuerung der Flankensteilheit der Verteilungen.
Bewährt hat sich aber auch eine implizite Vorgehensweise, bei der man zu bestimmende Unschärfeverteilungen erst als Lösung eines geeigneten Optimierungsproblems erhält, in das die Unschärfeverteilungen als steuerbare Variable eingehen.
Diese Vorgehensweise ergibt sich in Verallgemeinerung der Clusterverfahren nach Späth, Bezdek bzw. des bekannten ISODATA-Verfahrens und kann wie folgt formuliert werden:
Für mehrdimensionale Objekte, in einem geeigneten Merkmalsraum durch Punkte i,j,... repräsentiert, ist ein Maß für die Ähnlichkeit, Nachbarschaft, Wechselwirkungsenergie usw. deklariert: S(i,j). Es interessiert die unscharfe Zugehörigkeit $\varphi(i,k)$ des Objekts i zum Cluster k.
Ist die Zielsetzung, eine möglichst kompakte Clusterstruktur zu erhalten, so führt man als globales Gütekriterium ein bestimmtes Kompaktheitsmaß ein z.B. durch

$$Q = \sum_k \sum_{i,j \in k} \varphi(i,k) S(i,j) \varphi(j,k)$$

und fordert $\varphi(i,k)$ so zu bestimmen, daß Q einen minimalen Wert annimmt.
Mitunter umschreibt man S(i,j) noch durch Abstände von einem angenommenen Clustermittelpunkt, der dann als zusätzlicher Satz von freien Parametern ins Spiel kommt.
Die parametrisierte Unschärfeverteilung $\varphi(i,k)$ erhält man dann im Endergebnis eines Optimierungsprozesses, d.h. in der Regel nicht in analytisch faßbarer Form.

Dieser Weg bietet interessante Bezüge zur Evolutionsproblematik, weil ein so organisierter Clusterungsprozeß diskontinuierliche Strukturänderungen zeigen kann ähnlich wie in der irreversiblen Thermodynamik bzw. wie in der sog. Synergetik (Haken u.a.). Bei der Modellierung von Ursache-Wirkungsmodellen wählt man unscharfe Systemkonzepte in sehr unterschiedlicher Weise, je nachdem, wo man die Unschärfe ins Spiel bringt. Man kann das Verhalten durch deterministische Ursache-Wirkungsmodelle beschreiben und die Unschärfe nur in den Parameteranpassungsprozeß hineintragen, indem man die Vergleichskriterien durch Unschärfeverteilungen erfaßt und über die Lösung einer Polyoptimierungsaufgabe die Anpassung herbeiführt.
Diese wurde angewandt auf die Beschreibung nichtlinearer Systeme über die Aggregation einer Anzahl linearer Grobmodelle (Schwaar), aber auch zur Parameteranpassung von Triebkraftansätzen bei der Modellierung von Evolutionsprozessen über die Polyoptimierung (Voigt) bzw. über Bayessches Verfahren (Ahlberendt, Grote). Hier schließen die in der letzten Zeit verstärkt durchgeführten Untersuchungen zur Lösung der inversen Parameteradaptationsaufgabe generell für nichtlineare Systeme an (Jansen, Voigt, Peschel). Dabei wurde einmal die Teilzielmethode der Polyoptimierung verallgemeinert, indem bei Verwendung lokaler linearer Modelle nicht mehr nur die Gradientenvektoren, sondern auch die Parameterempfindlichkeitsvektoren herangezogen werden, und teilweise auch schon der Übergang zur Ausnutzung lokaler quadratischer Modelle vollzogen wurde (Jansen, Voigt).
Es gab auch Bemühungen, für Ursache-Wirkungsbeziehungen echte unscharfe Modelle aufzustellen und zwar in zwei Richtungen:

- Ausnutzung unscharfer mehrstelliger Relationen, die sowohl Eingangs- als auch Ausgangsvariable erfassen,
- Aufbau von Dateien aus unscharfen Zuordnungen (elementare unscharfe Implikationen (Straube) bzw. unscharfe Dateien, welche nur die Stützzuordnungen enthalten und durch lokale Regressionsmodelle ergänzt werden (Hentschel).

Eine relativ große Rolle bei der unscharfen Modellierung spielte die Aggregation von Grobmodellen vor allem für die Zwecke der Klassifikation (Bocklisch).

Elementare Unschärfeverteilungen wurden in einem Clusterungsprozeß nach einer bestimmten Fusionsstrategie aggregiert zu eindimensionalen Clusterunschärfeverteilungen und zwar längs der sogenannten Schweregeraden einer zu verschmelzenden Punktwolke. Die eindimensionalen Verteilungen werden aggregiert zu mehrdimensionalen Verteilungen mit ellipsenförmigen Höhenlinien über eine spezielle elliptische Interpolation. Schließlich werden einzelne spezielle Klassifikationsmodelle hineinaggregiert in ein aussagefähiges sogenanntes Expertenmodell.
Andere Verfahren der Elementarverschmelzung, die nicht notwendigerweise zu kompakten, sondern mehr sternförmigen Clustern bzw. auch kettenförmigen Clustern führen, wurden durch Straube ausgearbeitet. Der eigentliche Zweck der Modellbildung ist natürlich die Steuerung bzw. allgemeiner die vom Modell gestützte Entscheidung.
Stimuliert durch Arbeiten von Mamdani wurde am Prinzip des unscharfen Reglers in mehreren Richtungen gearbeitet:

- unscharfer Regler über eine inverse unscharfe Relation (Straube)
- unscharfer Mehrgrößenregler über die Ausnutzung einer unscharfen Datei zur Beschreibung der Regelstrecke in Verknüpfung von Eingangs-Ausgangs- und Zustandsgröße und einer unscharfen Datei über die Verknüpfung von Zustandsgröße, angestrebte Zustandsgrößenänderung und zu entwerfende Stellgröße (Hentschel)
- unscharfe Prozeßsteuerung über die unscharfe und durch Prozeßmessungen gestützte Auswahl einer Steuerung aus Steuerungen, die von endlich vielen voreingestellten Modellen angeboten werden, bzw. über Konvexkombination mit entsprechenden Gewichten der angebotenen Steuerungen (Bocklisch)
- unscharfe Steuerung eines technologischen Prozesses über die Anwendung unscharfer Problemlösungsstrategien (Lipp).

Alle diese Möglichkeiten wurden jeweils mit konkreten Fragestellungen aus den Anwendungen verbunden.

Anwendungsbeispiele für Arbeiten im Rahmen des Seminars

1. Clusterbildung und Klassifikation

Verschiedenartige unscharfe Clusterbildungsprozeduren wurden ausgearbeitet durch Bocklisch, Meyer und Straube und angewandt auf Merkmalssätze aus unterschiedlichen Anwendungsbereichen, wie z.B. Zeitverlaufsanalysen für hypertonisierte Ratten aus der Herz-Kreislauf-Regulationsforschung, Blutdruckuntersuchungen für Herz-Kreislaufnachsorgepatienten im Küchwaldklinikum Karl-Marx-Stadt (Verwendung verschiedener Grobmodelle und deren Aggregation für eine möglichst gut gestützte Entscheidung, Bocklisch), Blutdruckuntersuchungen an Diabetikern als Risikogruppe für Herz-Kreislauferkrankungen in einem Stadtgebiet von Karl-Marx-Stadt (Bocklisch), Stressuntersuchungen im Rahmen der Arbeitspsychologie in Zusammenarbeit mit der Sektion Arbeitswissenschaft der TU Dresden (Straube), im Rahmen der Untersuchungen zur Regionalentwicklung die Clusterung der Städte in der DDR nach der Bevölkerungszahl (Bocklisch), Ausarbeitung von Strategien zur Clusterung und Plazierung von Bauelementen auf Leiterplatten (Richardt). Mitbeteiligung von Mitwirkenden des Seminars an einer zweijährigen Fallstudie zum Vergleich der Wirksamkeit von Klassifikationsverfahren anhand konkreter Daten aus Massenuntersuchungen vom Zentralinstitut für Arbeitsmedizin in Berlin und dem Forschungsinstitut für Medizinische Diagnostik in Dresden (Bocklisch, Straube).

2. Unscharfe Steuerung und Entscheidung

Die Untersuchungen zum unscharfen Mehrgrößenregler orientierten sich an Literaturdaten für Konzentration und Temperatur an einem Rührkesselreaktor und brachten den Nachweis der Wirksamkeit bzw. Überlegenheit des unscharfen Reglers gegenüber einem optimal eingestellten PID-Mehrgrößenregler allerdings nur durch Rechnersimulation (Hentschel). Die modellbezogenen Positionierregelungen für den Maschinenbau mit einer unscharfen Auswahl aus angebotenen Steuerungen mehrerer festeingestellter Modelle wurden im Labormaßstab erprobt. (Bocklisch)

Sehr erfolgreich in die Praxis eingeführt wurde die unscharfe Dispatcherberatung auf der Grundlage des unscharfen Problemlösens für die Steuerung des diskontinuierlichen Produktionsprozesses einer Papiermühle (Lipp).
Unscharfe Entscheidungsregeln für die Prozeßsteuerung chemischer Anlagen wurden praktisch erprobt (Hartmann) und die Struktursynthese chemischer Anlagen z.B. einer variablen Kombination von Rührkessel- und Rohrreaktoren wurde mit der Polyoptimierung gelöst und praktisch angewandt und soll in Zukunft mit Fragen der unscharfen Klassifikation verknüpft werden (Kauschus, Hartmann).
Die Ausnutzung der unscharfen Modellbildung für die Zeitreihenvorhersage ist ein Gegenstand, der in der letzten Zeit angearbeitet wurde und zu den Problemen der unscharfen Parameterbestimmung nichtlinearer Modelle geführt hat. Beeindruckend waren die Ergebnisse der Wasserdurchflußvorhersage für die Elbe bei Wittenberge auf Grund von Messungen an mehreren Stellen stromaufwärts (Straube).
Die ausgearbeiteten Prozeduren wurden an konkreten Daten aus der Praxis getestet und ergaben gute Anpassungsresultate, was jedoch noch keine Sicherheit darüber gibt, daß der Mechanismus wirklich relevant erfaßt wurde.
Erfolgreiche derartige Datenanpassungen wurden durchgeführt für folgende Anwendungsfälle:

- Rißwachstum bei Wechsellastbeanspruchung von zylindrischen Proben (Voigt, Grote)
- Akustische Emission von Verbundwerkstoffen, die zunehmender Belastung ausgesetzt sind (Grote)
- Zunahme der DDR-Produktion an Allgebrauchslampen (Grote)
- Anreicherung von Korninhalt bei Weizen im Rahmen von Zuchtexperimenten (Grote).

UNSCHARFE IDENTIFIKATION MIT HIERARCHISCHER UND ITERATIVER CLUSTERUNG

Bocklisch, S.F. TH Karl-Marx-Stadt, Sekt.Automatisierungstechn.
Meyer, W. AdW der DDR, ZI für Herz- und Kreislauf-Regulationsforschung

1. Einleitung

Die Klassifikation kann als ein strukturfreies Modellbildungsverfahren verstanden werden, das insbesondere dort gut einsetzbar ist, wo Beobachtungen vorliegen, aber auf Grund der komplizierten und komplexen Natur der Dinge eine ausreichend gute theoretische Prozeßanalyse nicht möglich ist (large scale systems). Solche Problemstellungen findet man in technischen und nichttechnischen Bereichen. Um die Abstraktion mit Umsicht und Weitblick zu betreiben, muß das Aggregationskonzept beim Übergang von einer Abstraktionsstufe in die nächst höhere die bereits gegebene Unschärfe (Dualität von elementarer und globaler Unschärfe) und den Reduktionseffekt in der Unschärfe auf höherer Stufe berücksichtigen. Der Abstraktionsprozeß kann vielstufig sein. In den Ausführungen soll nur das Prinzip dargelegt werden (vergl. Fig.1).
Basisinformationen sind unscharfe elementare Beobachtungen (Daten), deren Ähnlichkeitsstruktur stufenweise (Fuzzification) zu immer globaleren unscharfen Beobachtungen (Mengen unscharfer Klassen) verdichtet wird. Diese Transformation verläuft über Klassenbildung durch Clusterverfahren und Klassenbeschreibung mit unscharfem Klassenkonzept. Unter Klassen werden im weiteren immer solche mit semantischer Bedeutung verstanden. Dies müssen die Merkmale sichern. Dargestellt werden zwei Methoden der unscharfen Klassifikation, die sowohl unterschiedliche Clustertechniken (hierarchisch, iterativ) als auch unterschiedliche unscharfe Klassenkonzepte verwenden. Ihre Verschiedenartigkeit bietet den Vorteil, das der Datenstruktur und dem Klassifikationsziel angemessenste Verfahren auszuwählen. Jedes Verfahren stellt nach seiner spezifischen Weise unscharfer Informations-

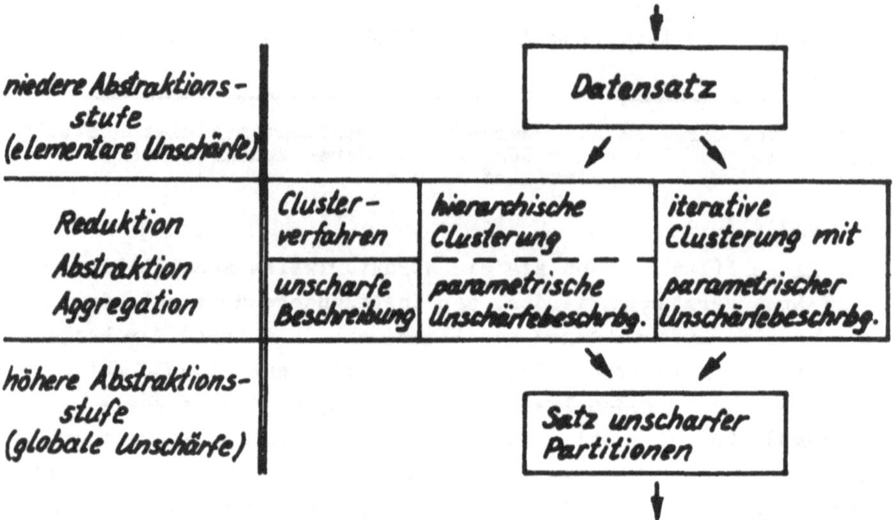

Fig. 1

verdichtung Folgen unscharfer Partitionen bereit. Danach sollte oder muß sogar ein Dialog mit dem Fachmann des Problems stattfinden, denn es schließt sich die Arbeitsphase der Identifikation an. Eine Gegenüberstellung der unscharfen Klassifikationsergebnisse erfolgt an einer einfachen Unterscheidung 2-parametrischer Grobmodelle von Blutdruckverläufen aus der Kreislaufforschung.

2. Hierarchische unscharfe Klassifikation

Das Verfahren gliedert sich klar in die zwei Teile der Klassenbildung nach hierarchischer Clustertechnik und Clusterbeschreibung.

Clusterbildung

Die hierarchische Clusterung geht von der elementaren Unschärfe aus und benutzt als Fusionskriterium die lokale Dichte, d.h. es werden solche Objekte als zur gleichen Klasse gehörig bezeichnet, die im m-dimensionalen Merkmalsraum dicht benachbart liegen. Die Ähnlichkeit von Klassen folgt aus der Ähnlichkeit ihrer benachbartsten Objektpaare. Die lokale Dichtebetrachtung verzichtet bei der Klassenbildung auf eine Berücksichtigung der Klassenhomogenität und verzichtet damit auf Forderungen an zentrale Eigenschaften der Objektkonfigurationen. Damit eignet sich dieses Verfahren besonders zur Klassenbildung erheblich von Hyperkugeln abweichender Objekthäufungen sowie zur Erkennung von Splittergruppen und Außenseitern.

Die Informationsverdichtung erfolgt durch einen mehrstufigen Prozeß der Aufweichung scharf gegebener Elementarinformation (z.B. Messungen). Ein schrittweise erhöhter Schwellwert der lokalen Dichte vereinigt die daraufhin benachbarten Objekte zur zugehörigen Klassenkonfiguration geringerer Klassenzahl. Die Orientierung auf lokale Klasseneigenschaften im Verdichtungsprozeß bleibt dadurch erhalten, daß die Reihenfolge der Fusionen durch Objektpaarabstände gesteuert wird und endgültig ist. Objektumordnungen aufgrund geänderter globaler Klasseneigenschaften erfolgen nicht.

Bekannte oder geschätzte Relationen zwischen Rausch- und Nutzsignal bei der Messung können im Verdichtungsprozeß berücksichtigt werden. Es ist möglich, bei Variation dieses Verhältnisses über die fachmännische Deutung der Clusterergebnisse Rückschlüsse auf die Glaubwürdigkeit (Unschärfe) der Messungen zu ziehen. Die elementare Unschärfe für jede Messung fließt dann in die folgende Beschreibung der Cluster ein.

Ergebnis der Informationsverdichtung ist eine Hierarchie auseinander hervorgehender Klassenkonfigurationen. Aus diesen kann eine ausgewählt oder Klassen verschiedener Verdichtungsniveaus zur günstigsten Konfiguration verbunden werden (hierarchische Clusterbildung). Hierbei besteht die Möglichkeit, die Auswahl auf eine Optimierung bzw. Polyoptimierung nach formalen Gesichtspunkten zu stützen oder Expertenwissen einfließen zu lassen.

<u>Clusterbeschreibung</u>

Für die Beschreibung der elementaren und auch der globalen Unschärfe wurde ein einheitliches Konzept einer parametrischen

Zugehörigkeitsfunktion entwickelt. Sie besitzt im eindimensionalen Fall die allgemeine Form:

$$\mu(u) = \frac{a}{1 + \left(\frac{1}{b} - 1\right) \left| \frac{u - u_0}{c} \right|^d} \tag{1}$$

Sie ist unimodal und läßt sich mit den Parametern u_0, a, b, c und d flexibel an die Ausgangsinformationen anpassen. Für die einelementige Menge gilt a = 1 (Normierung). Durch Unterscheidung der Parameter b, c und d rechts- bzw. linksseitig von u_0 läßt sich eine Unsymmetrie fassen, die dahingehend verallgemeinert ist, daß bei höherdimensionalen Zugehörigkeitsfunktionen Orte gleicher Zugehörigkeit nicht ähnlich sein müssen. Dies leistet ein elliptisches Interpolationskonzept zwischen den auf den Schweregeraden g errichteten eindimensionalen Stützzugehörigkeitsfunktionen der obigen Form. Die elementare Zugehörigkeitsfunktion besitzt mit

$$u_0 = u_{0e} \qquad a = a_e = 1 \qquad b_l = b_r = b_e = 0.5$$
$$c_l = c_r = c_e \qquad d_l = d_r = d_e = 2$$

die Form

$$\mu_e(u) = \frac{1}{1 + \left| \frac{u - u_{0e}}{c_e} \right|^2} \tag{2}$$

Das Problem der Aggregation besteht in der Verbindung

$$\mu(u; u_0, a, b, c, d) := \underset{n}{\mathrm{agg}}\ \mu_{en}(u;\ u_{0e}, c_e) \tag{3}$$

die der Disjunktionsoperation entspricht, da jedes μ_e als grobe Schätzung für μ aufgefaßt werden kann (vergl. /1/). Die Bedeutungen im einzelnen sind (vergl. Fig.2):

u_{0e}	scharfer Meßwert
u_0	Klassenschwerpunkt, Lage des Modalwertes
a	Modalwert
b_l, b_r	Reduktionsfaktor der Klassenzugehörigkeit an der Klassengrenze c
c_e	Parameter der elementaren Unschärfe

c_l, c_r Lage der Randobjekte der scharf betrachteten Klasse

d_l, d_r Parameter der Objektverteilung innerhalb der Klasse

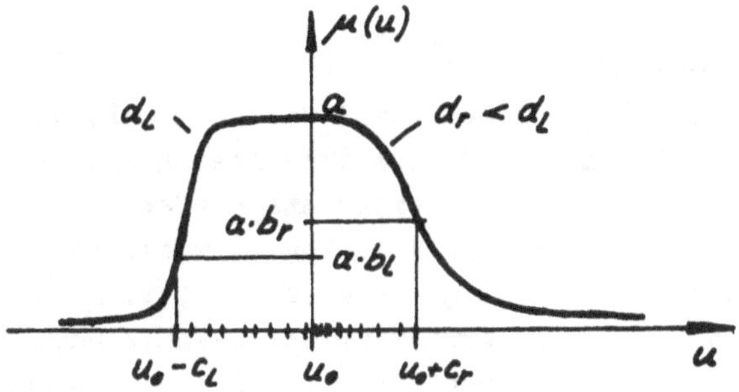

Fig. 2

Ablauf des Verfahrens

1. Wahlweise Normierung der Daten.
2. Clusterbildung unter Berücksichtigung von Vertrauensinformationen für die Meßwerte. Mit steigendem Unschärfegrad der Daten werden verschiedene Klassenkonfigurationen angeboten. Steuerparameter ist der Schwellwert SW.
3. Wahl einer Partition auf der Basis eines oder mehrerer Angebote bei verschiedenen Schwellwerten. Dazu werden Inter- bzw. Intraklassenmerkmale herangezogen.
4. Unscharfe Beschreibung der Klassen mit der Zugehörigkeitsfunktion nach Gleichung (1) und Nutzung eines elliptischen Interpolationskonzepts im m-dimensionalen Merkmalsraum.
5. In der Arbeitsphase wird eine Messung, die durch einen m-dimensionalen Merkmalsvektor beschrieben wird, durch einen Sympathievektor mit i.a. unterschiedlicher Zugehörigkeit jeder Klasse zugeordnet (s. /2/).

3. Iterative unscharfe Klassifikation

Die iterative Klassifikation vereinigt Klassenbildung und Klassenbeschreibung. Ziel dieses Verfahrens ist es, ein vereinfachtes Konzept globaler Unschärfe bereits bei der Klassenbildung zu benutzen, um damit Probleme lokal orientierter Clustertechniken zu umgehen. Dies realisiert ein Iterationsverfahren, das

Form und Lage unscharfer Klassen so an die Objektmenge anpaßt, daß ein globales Gütekriterium minimiert wird. Das Verfahren ist die unscharfe Variante der Minimal-Distanz-Partitionierung von /3/ und entspricht der Fuzzy-Isodata-Konzeption von /4/.

Clusterbildung

Das unscharfe Klassenmodell wird durch die Absicht der unscharfen Partitionierung des Datensatzes festgelegt. Es ist damit primär auf ein System normierter unscharfer Klassen abgestimmt, das den Datensatz zur Lokalisierung konvexer Vorzugsgebiete für die Zuordnung der jeweiligen Klasse benutzt. Kopplungsbedingung der Klassen ist die 1-Normierung der Gesamtbindungskraft an jedem Ort des Merkmalsraumes. Benutzt wird das parametrische Klassenkonzept der Form

$$\mu_k(u) = \frac{1}{1 + s_k(u) \left| u - u_{0k} \right|^d} \tag{4}$$

u_{0k} Klassen- und Dichtezentrum der k-ten Klasse
d Unschärfegrad

Der stetige Normierungsfaktor

$$s_k(u) = \sum_{\substack{j=1 \\ j \neq k}}^{L} \frac{1}{\left| u - u_{0j} \right|^d} \tag{5}$$

L aktuelle Klassenzahl

stimmt die Klassenzugehörigkeit so auf den Einfluß des Restsystems ab, daß die Gesamtbindungskraft 1 beträgt (vergl. Fig.3 für beispielsweise 3 Klassen).

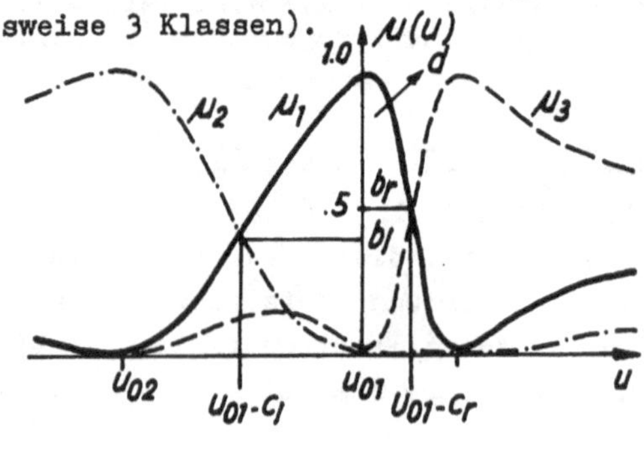

Fig.3

Das Klassenkonzept dient als Modell der aggregierten lokalen Dichten, wobei die elementaren Unschärfen im Sympathievektor erscheinen. Damit ist die Parametrisierung globaler Klasseneigenschaften durch Klassenzentrum und impliziertem Klassenzugehörigkeitsverlauf gewährleistet. Sie ermöglicht die Beurteilung und Optimierung der Klassenhomogenität nach dem globalen Partitionsgütekriterium, der unscharfen Klassenheterogenität. Für die Gesamtvarianz gilt:

$$J_d(\mathcal{S}, \underline{u}_0, .) = \sum_{k=1}^{L} \sum_{i=1}^{N} (\varphi_{ik})^{\frac{2}{d}+1} \| \underline{u}_i - \underline{u}_{0k} \|^2 \qquad (6)$$

Die Klassifikationsgüte erhöht sich umso mehr, je besser das unscharfe Klassenkonzept die realen Dichteverhältnisse beschreiben kann. Deshalb eignet sich das Verfahren besonders zur Klassifikation von Datensätzen, die aus berührenden oder durchdringenden Objektballungen mit zentralen Eigenschaften bestehen.

Iterationsprozeß

Der Iterationsprozeß startet mit einer willkürlichen Objektverteilung auf die Klassen. Der erste Schritt der Korrekturstrategie lokalisiert Dichtezentren derart, daß die unscharfe Klassenheterogenität minimal wird. Diese geänderten Klasseneigenschaften fließen in eine solche Umverteilung der Objektbindungen ein, daß die Gesamtvarianz wiederum minimiert wird. Nach dieser 2-Schritt-Gradienten-Korrektur bewegen sich die Klassenzentren sukzessive auf die Dichtezentren im Merkmalsraum zu. Wegen der möglichen Konvergenz gegen lokale Extrema des Optimalitätskriteriums wird mit mehreren Startschätzungen gearbeitet.

Informationsverdichtung

Die Informationsverdichtung wird durch schrittweise Erniedrigung der Klassenzahl L gesteuert, so daß sich die Elementarunschärfe um den Wert $\frac{1}{L(L-1)}$ vergrößert. Der Algorithmus startet erneut. Resultat des Verdichtungsprozesses ist eine

Folge unabhängiger unscharfer Partitionen, deren Güte anhand unterschiedlicher Güteaspekte (Inter- und Intraklassenmerkmale) quantifiziert wird.

Ablauf des Verfahrens (d = 2)

1. Vorgabe der Klassenzahl L

2. Vorgabe der Startpartition

3. Klassenschwerpunktsberechnung

$$\underline{u}_{0k} = \frac{\sum_{i=1}^{N} \varphi_{ik}^{2} \, \underline{u}_i}{\sum_{i=1}^{N} \varphi_{ik}^{2}} \tag{7}$$

4. Klassenzugehörigkeitskorrektur

$$\varphi_{ik} = \frac{1}{1 + s_{ik} \left\| \underline{u}_i - \underline{u}_{0k} \right\|^2} \tag{8}$$

$$s_{ik} = \sum_{\substack{j=1 \\ j \neq k}}^{L} \frac{1}{\left\| u_i - u_{0j} \right\|^2} \tag{9}$$

5. Prüfung des Abbruchkriteriums
Wenn

$$\left| \varphi_{ik}^{NEU} - \varphi_{ik}^{ALT} \right| \leq \varepsilon \approx 10^{-3} \tag{10}$$

erfüllt, zu 6., sonst zu 3.

6. Berechnung des unscharfen Varianzkriteriums $J_2(\varphi, \underline{u}_0)$ (vergl. Gl.(6))
Rückkehr zu 1., 2. oder Stop.

4. Kooperative unscharfe Klassifikation

Während die hierarchische Klassenbildung keine Forderungen bezüglich zentraler Eigenschaften an die Objektkonfiguration hat, setzt das iterative Verfahren unimodale, symmetrische Punkthäufungen voraus. Die hierarchische Clusterung kann zwar Klassen beliebiger Form (z.B. langgestreckt, asymmetrisch) erkennen, jedoch können auch Objekte im Grenzbereich der Klassen (Brückenbildung) fälschlicherweise zur Klassenverkettung führen.

Es wird nun eine Kooperationsstrategie vorgeschlagen, die die Vorteile beider Techniken vereinigt und ihre Nachteile vermeidet.
Eine iterative unscharfe Klassifikationsphase vereinigt die unscharfen Objekte solange zu dichten Regionen (relativ kleine Klassen), solange zentrale Eigenschaften noch angenommen werden können. Ihr schließt sich die hierarchische Fusionsphase auf Klassenniveau an. Sie vereinigt die Subklassen der iterativen Phase schrittweise zu unscharfen Klassen beliebiger Form (relativ große Klassen). Dem Vorschlag liegt die heuristische Annahme zugrunde, daß "im kleinen" hypersphärische Punkthäufungen wahrscheinlicher sind, "im großen" jedoch Klassen beliebiger Form auftreten.

5. Anwendungen

Anwendungen für unscharfe Klassifikationsaufgaben findet man in vielen technischen und nichttechnischen Bereichen. Stellvertretend sollen hier zwei Beispiele genannt werden:

Bei einer adaptiven Positionierregelung bestehend aus Leistungsverstärker, Motor, Getriebe, Spindel, Support, Meßsystem und parametereinstellbarem Regler wurden auf der Grundlage von 40 Einstellungen des Prozesses in einer Lernphase durch Klassifikation 3 typische Betriebszustände unterschieden (vergl. Fig.4). Durch die Ableitung von Merkmalen aus dem Fehlersignal e(t) zwischen dem nichtlinear-dynamischen, zeitvariablen Prozeß (S und R) und einem grob angepaßten fest eingestellten Referenzmodell (M) war die Basis für die Clusterung gegeben. Die semantischen Klassen (I, II und III) entsprechen ausgeprägten Betriebsfällen des Prozesses. Mit der Bestimmung des aktuellen Q aus dem Objekt-Modell-Vergleich kann im on line-Betrieb über den Identifikator I durch eine unscharfe Zuordnung des Prozeßzustandes (vergl. z.B. Einstellung Q_1) die Relation zu den Klassen bestimmt werden. Daraus folgt in ST der Entwurf einer optimalen Steuerung (Änderung der Reglerparameter). Nach der Polymodellmethode (s. /5/) erfolgt nach dem gleichen Prinzip eine Identifikation über mehrere parallele Grobmodelle. Fig.4 zeigt die Klassifikationsergebnisse für die unscharfe hierarchische und Fig.5 für die iterative Klassifikation.

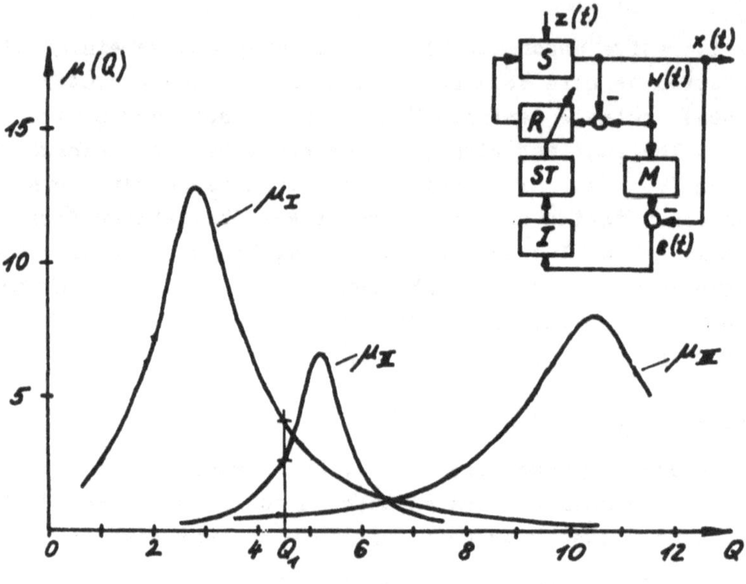

Fig. 4

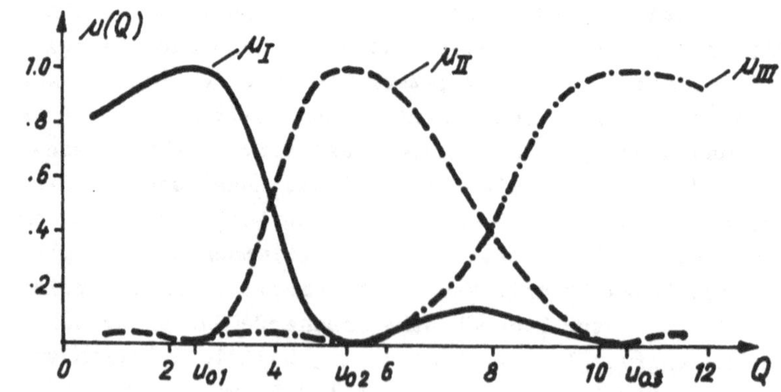

Fig.5

Fig.6 und Fig.7 zeigen die Berechnungsergebnisse für einen anderen Datensatz aus zweidimensionalen Merkmalsvektoren. Es handelt sich dabei um eine Serie von Blutdruckverläufen (Zeitreihen), von deren linearer Approximation die Werte zu zwei ausgewählten Abtastzeitpunkten als Merkmale benutzt wurden (Trendbetrachtung). Man sieht deutlich die polarisierte und zentralisierte Beschreibung durch die Zugehörigkeitsfunktion aus der iterativen Klassifikation (Fig.7). Demgegenüber liefert die hierarchische Klassifikation möglicherweise recht unsymmetrische und langgestreckte Zugehörigkeitsfunktionen, die sich nur auf die Bezugsobjekte für die Klassen stützen und die tatsächlichen Objektverteilungen besser widerspiegeln.

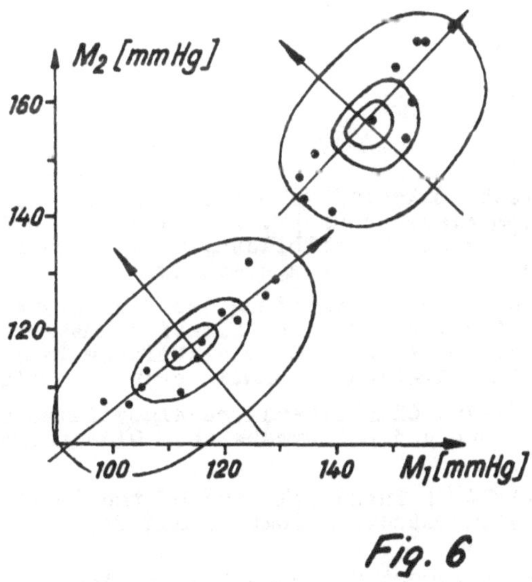

Fig. 6

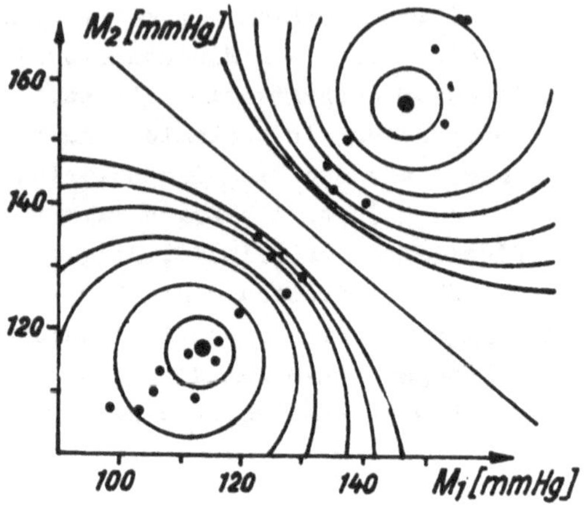

Fig. 7

Literatur

/1/ Bocklisch, Bilz (1977) Systemidentifikation mit unscharfem Klassenkonzept, Material zur Vorlesung Kennwertermittlung und Modellbildung Teil I, TH Karl-Marx-Stadt Sektion Automatisierungstechnik

/2/ Bocklisch (1979) Anwendung des Verfahrens der unscharfen Klassifikation zur Identifikation, Material zur Vorlesung Kennwertermittlung und Modellbildung Teil II, TH Karl-Marx-Stadt Sektion Automatisierungstechnik

/3/ Späth (1975) Cluster-Analyse-Algorithmen zur Objektklassifizierung und Datenreduktion, Oldenbourg-Verlag München Wien

/4/ Dunn (1974) A Fuzzy Relative of the ISODATA Process and its Use in Detecting Compact and Well-Separated Clusters, J.Cyb.3, 3

/5/ Bocklisch (1978) Grobmodellierung des arteriellen Systems in: Zwiener, Tiedt; Modellierung von Herz-Kreislauf-Funktionen in Experiment und Klinik, VEB Gustav Fischer Verlag Jena

MODELLIERUNG UND OPTIMIERUNG VERFAHRENSTECHNISCHER PROZESSE UND SYSTEME

W. Kauschus, M. Grauer
Technische Hochschule "Carl Schorlemmer" Leuna-Merseburg
Sektion Verfahrenstechnik

1. Einleitung

In den letzten Jahren werden zunehmend Anstrengungen unternommen, Methoden der Modellierung und Optimierung in der und für die stoffwandelnde und stoffverarbeitenden Industrie anzuwenden. Dies geschieht mit dem Ziel für stoffwandelnde und stoffverarbeitende Systeme im Rahmen der Intensivierung Reserven an Energie, an Rohstoff und an Zeit zu erkennen, zu berechnen und nutzbar zu machen. Diese Anstrengungen werden sowohl in der Phase des Entwurfs, der Projektierung und schließlich der Prozeßsteuerung der entsprechenden Anlagen unternommen.

Wir verstehen dabei die Modellierung insofern als ein selbständiges Gebiet, falls nur das Ziel eineradäquaten Beschreibung wesentlicher Eigenschaften eines verfahrenstechnischen Systems besteht.

Im anderen Fall ist die Modellierung der Optimierung untergeordnet. Es werden die erforderlichen Modellgleichungen, Ungleichungen und die Zielfunktion für das verfahrenstechnische System so genau formuliert und ermittelt, wie es für die Durchführung der Optimierung erforderlich erscheint. Hier sind die Themen einzuordnen, die in diesem Vortrag angesprochen werden. Die hier vorgestellten Ergebnisse entstammen Qualifizierungsarbeiten, der Autoren dieses Beitrages /1,2/.

Auf dem Gebiet der Modellierung und Optimierung werden mit diesem Vortrag einige Tendenzen sichtbar gemacht, die durch die genannten Arbeiten geprägt sind. Ein Anspruch auf Vollständigkeit wird nicht erhoben. Gewissermaßen wird damit eine "Merseburger" Blickrichtung dargestellt.

Es seien noch einige Bemerkungen zu den ökonomischen Effekten derartiger Untersuchungen erlaubt. Nach Angaben angelsächsischer Autoren verhalten sich die Aufwendungen für die Optimierung zu denen für die Modellierung wie 1 zu. 8 bis 1o /3/. Nach den gleichen Angaben betragen die finanziellen Aufwendungen für beide zusammen etwa 1o % des dadurch zu erreichenden Jahresnutzens. Daraus wird gefolgert, daß diese Aufwendungen eine der gewinnträchtigsten Investitionen beim Einsatz von Chemieanlagen sind. Hinzu kommt, daß sich erreichbare Effekte beim Strukturentwurf, bei der Auslegung und bei der Prozeßsteuerung verfahrenstechnischer Anlagen etwa wie 6o zu 3o zu 1o verhalten. Dies liegt wohl daran, daß der Grad der Untersuchung und Nutzung der Effekte in der angegebenen Reihenfolge stark zunimmt. Wir leiten daraus ab, daß den Arbeiten zur Modellierung und Optimierung verfahrenstechnischer Systeme große Bedeutung zukommt und daß der Struktursynthese verstärkte Aufmerksamkeit zu widmen ist.
Das Polyoptimalitätsprinzip, beim Entwurf, der Auslegung und dem Betrieb verfahrenstechnischer Systeme bestmögliche Effekte bei geringsten Aufwendungen zu erzielen, erfordert zur Bestimmung einer eindeutigen Lösung einen Kompromißvorschlag. In der ingenieurtechnischen Anwendung ist dieser Kompromiß immer dann auf natürliche Weise gegeben, wenn die Aufwendungen und Effekte monetariscg bewertbar sind. Der Anwendung dieser Gedankengänge auf verfahrenstechnische Systeme sind die nachfolgenden Ausführungen gewidmet.

2. Optimierung verfahrenstechnischer Systeme

Für das Gebiet der Optimierung verfahrenstechnischer Systeme werden in /2/ vier Hauptrichtungen genannt und behandelt. Dazu gehören:

- Übergang von monetären zu vektoriellen Zielgrößen und Entwicklung entsprechender Lösungsmethoden.
- Kombination von leistungsfähigen Optimierungsverfahren zu Programmpaketen mit denen rechnergestützt Optimierungsprobleme des Entwurfs und der Steuerung von Systemen behandelt werden.
- Berücksichtigung der hierarchischen Struktur verfahrenstechnischer Systeme durch Einsatz von Mehrebenenmethoden. Dabei liegt der Schwerpunkt der Arbeiten bei der Verwendung von modifizierten Lagrangefunktionen zur Lösung nichtkonvexer Probleme.
- Berücksichtigung der Dynamik verfahrenstechnischer Systeme.

Die erstgenannte Tendenz soll anhand einer Problemlösung näher erläutert werden.

Verfahrenstechnische Prozesse und Systeme als spezielle technische Objekte sind besonders dadurch charakterisiert, daß in ihnen Stoffwandlungen (chemische Reaktionen, Stoff- und Wärmeübertragung, Stofftrennung u. a. am.) durchgeführt werden. Die Güte dieser Systeme läßt sich durch eine Vielzahl von unterschiedlichen Größen bewerten, die sich zueinander im Widerspruch befinden, wie z. B.: Güte des Betriebsverhaltens, Güte der Endprodukte oder Verhältnis des Systems zur Umwelt. Diese Komplexität der Zielgrößen ist bedingt dadurch, daß alle Stoffwandlungen gekoppelte Stoff- und Energiewandlungen sind, die in relativ komplizierten und kostenaufwendigen apparativen Hüllen (z. B. bei extrem hohen bzw. niedrigen Drücken oder Temperaturen) ablaufen und an die Produkte viele spezielle Qualitätsanforderungen (Reinheit, Struktur, Oberfläche u. a.) gestellt werden.

Die Güte eines verfahrenstechnischen Systems kann also durch die Forderungen nach maximaler Güte der Zielprodukte, nach maximaler Stoff- und Energieausnutzung, nach minimalen einmaligen und laufenden Kosten, nach maximaler Sicherheit (Stabilität einer Anlage) und minimaler Umweltbelastung gekennzeichnet werden.

Diesen Vektor von konkurrierenden Zielgrößen zum Extremum zu führen, ist eine typische Aufgabenstellung der Polyoptimierung. Eine solche Aufgabenstellung soll am Beispiel der Herstellung von Filmunterlagen erläutert werden. Das Bild 1 zeigt das Schema einer Filmgießmaschine.

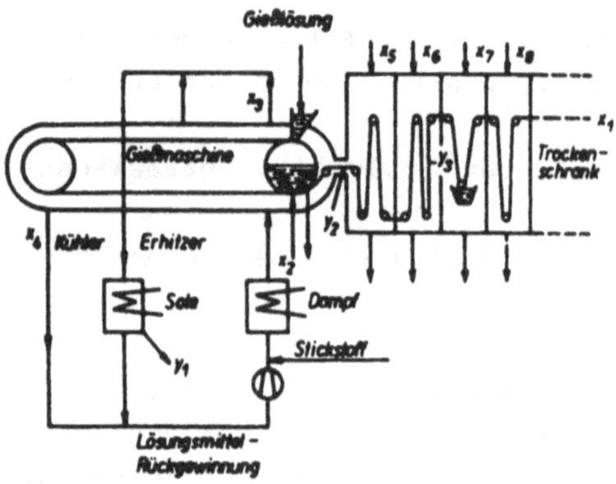

Bild 1 Schema einer Filmgießmaschine

Die Gießlösung wird auf ein endloses Band aufgegeben und durch erzwungene Konvektion erfolgt die Trocknung, die zur Verfestigung der Gießlösung führt. Der Entzug des Lösungsmittels wird im Gegenstrom über das Band durch die Zufuhr warmer Luft realisiert. Steuerungsmöglichkeiten bestehen in der Beeinflussung der Band- und damit der Gießgeschwindigkeit (x1), der Temperatur der zugeführten Maschinenluft (x2) und in der Einstellung bestimmter Volumenströme zum Abzug der Kondensluft an verschiedenen Stellen der Gießmaschine (x3, x4, x5). Aus den beiden Volumenströmen hinter dem Schlitzgießer wird durch Kondensation Lösungsmittel (Massenstrom - y1) zurückgewonnen.

Die Aufgabe der polyoptimalen Führung dieses Prozesses besteht darin, unter ökonomisch günstigsten Bedingungen Filmunterlage mit höchsten Qualitätsparametern und unter Einhaltung der technologischen Beschränkungen herzustellen. Als Qualitätsparameter wird die sogenannte Wasserlängung (y2) der Unterlage betrachtet.
Das bedeutet maximale Lösungsmittelgewinnung und minimale Wasserlängung.
Die Lösung wurde mit der Methode der Gleichungsnebenbedingung /2/ ermittelt. Dabei wurde die Komponente Wasserlängung des Zielvektors in Form einer Gleichungsnebenbedingung parametrisiert und jeweils das Maximum der Lösungsmittelrückgewinnung berechnet. Im Bild 2 ist die Menge der effizienten Lösungen der Aufgabe angegeben.

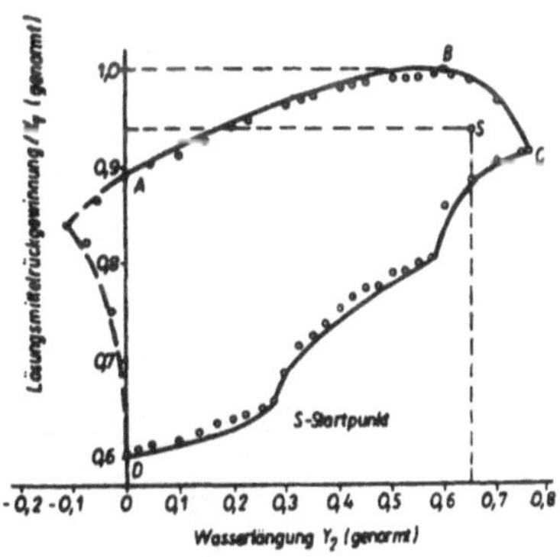

Bild 2 Menge der effizienten Lösungen, ermittelt nach der Gleichungsnebenbedingungsmethode

Mit der berechneten Kompromißmenge von Punkt A nach B ist der kausale Zusammenhang zwischen Ökonomie und Qualität für diesen Prozeß richtig wiedergegeben. Es ist zu erkennen, daß die Lösungsmittelrückgewinnungsmenge entlang der Kompromißmenge für kleiner werdende Werte des Qualitätsparameters momoton fällt. Diese zu erwartende Eigenschaft, daß immer weitere Verbesserungen der Qualität immer mehr Verlust an Ökonomie darstellen, ist also in der Kompromißmenge enthalten. Entsprechend der aktuellen Situation (Marktanforderungen, Einfluß vor- und nachgeschalteter Anlagenteile usw.) muß dann das jeweilie Produktionsregime als ein Punkt der Kompromißmenge (A - B) ausgewählt werden.

3. Strukturoptimierung verfahrenstechnischer Systeme

Für den Strukturentwurf verfahrenstechnischer Systeme werden mit Erfolg Methoden angewendet, die hier nur genannt werden sollen. Es sind dies heuristische Methoden, Dekompositionsmethoden, Evolutionsmethoden, Zuordnungsmethoden und die Strukturparametermethode. Die bei Anwendung der letzten Methode eingeführten Strukturparameter oder auch Strukturvariable bieten die Möglichkeit zur Strukturoptimierung überzugehen, da mit ihnen das Problem der Erzeugung hinreichend variabler Strukturen gelöst wird.

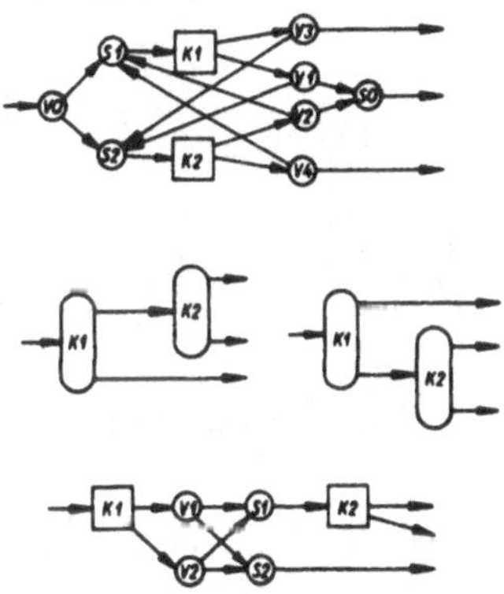

Bild 3 - Vereinigungsstruktur zweier Zweistoffdestillationskolonnen zur Trennung eines Dreistoffgemisches

Diese Variablen d_{ij} mit dem Wertebereich $0 \leq d_{ij} \leq 1$ beschreiben die Verknüpfung der Elemente des verfahrenstechnischen Systems zu einer Vereinigungsstruktur, die durch Zuweisung von Zahlenwerten zu den d_{ij} konkretisiert werden kann. Im Bild 3 ist die Vereinigungsstruktur der beiden möglichen Arten der destillativen Trennung eines Dreistoffgemisches dargestellt, erstens für den allgemeinen Fall und zweitens für die abgerüstete Variante, daß die Reihenfolge der Kolonnen K_1 und K_2 festliegt. Die Strukturvariablen beschreiben gerade die Aufteilung der additiven Ströme in den Verteilern. Sind mehr als drei Stoffe zu trennen, dann wächst die Zahl der Trennvarianten stark an

und zwar etwa wie 2^{2n}, genau gilt $V_n = n\,(2n-2)!\,/(n!)^2$. Für n = 15 Stoffe sind das etwa 2,6 Millionen Varianten. Es ist leicht einzusehen, daß für komplexere Systeme die Variantenvielfalt so groß wird, daß auf der Basis der Strukturvariablen d_{ij} eine Strukturoptimierung sinnvoll erklärt werden kann. Die optimale Bestimmung der d_{ij} schließt in der Regel die optimale Bestimmung weiterer Variabler ein, beispielsweise Hauptabmessungen, mittlere Verweilzeiten usw.
Zur genaueren mathematischen Beschreibung der Problemstellung der Strukturoptimierung sind drei Gruppen von Gleichungen zu betrachten, die Modellgleichungen, die Strukturgleichungen und die Zielfunktion.

$$\left.\begin{aligned}
y_j &= f_j(x_i, u_k) \qquad k = 1(1)\,N \\
x_i &= \sum_{j=1}^{N} y_j d_{ji} = 1 \;, \quad 0 \leq d_{ji} \leq 1 \\
G &= b \sum_{j \in J} \phi_j^T \cdot y_j - b \sum_{i \in I} \phi_i^T \cdot x_i - z \sum_{k=1}^{N} \phi_k F_k(x_i, y_i, u_k) \\
G &\rightarrow \text{Max}, \quad x_i \leq x_{io} \text{ für } i \in I, \quad Y_j \geq y_{jo} \text{ für } j \in J
\end{aligned}\right\} \quad (1)$$

Jedem verfahrenstechnischen Element k der zu untersuchenden Struktur wird ein Modell zugeordnet, das man sich etwa als Menge expliziter Vektorgleichungen vorstellen kann, gegebenenfalls steht ein Algorithmus zur Verfügung, der die Berechnung der Ausgangsströme y_j aus den Eingangsströmen x_i und dem Steuervektor u_k gestattet. Die zweite Gruppe von Gleichungen beschreibt die Vereinigungsstruktur und sie werden daher als Strukturgleichungen bezeichnet.
Im Fall $d_{ji} = 0$ existiert keine Verbindung zwischen dem Verteiler j und dem Sammler i und im Fall $d_{ji} = 1$ sind nur diese beiden Punkte miteinander verbunden, in allen anderen Fällen $0 \leq d_{ji} \leq 1$ erfolgt eine Aufteilung in mindestens zwei Teilströme. Zur Festlegung einer geeigneten Zielfunktion beachtet man, daß sich die Systemein- und -ausgangsströme mit Preisen komponentenweise bewerten lassen und analog die Elemente durch

ihre Investitionsaufwendungen. Es ist daher sinnvoll, die technisch-ökonomische Zielgröße jährlicher Gewinn als Differenz zwischen Erlösen und Aufwendungen an variablen und festen Kosten zu bilden und diese zu maximieren.
Werden die in der Zielfunktion angegebenen Preis- oder allgemeiner Wertgrößen. P_i als Variable aufgefaßt, dann hat man ein parametisches Optimierungsproblem erhalten. Dieses kann seinerseits problemlos in die Theorie der Polyoptimierung eingeordnet werden, da die monetarische Zielfunktion den dort oft benutzten linearen Kompromiß darstellt.

Die dimensionslosen p_i variieren in einem Faktorraum, der für Strukturoptimierungsprobleme eine selbständige Bedeutung hat. Die Strukturoptimierung wird so allgemein aufgefaßt, daß die optimale Lösung für alle Vektoren p zu bestimmen ist. Die Lösung beschreibt dann eine Abbildung des Faktorraumes auf den Entscheidungs- bzw. den Zielraum.
Die miteinander korrespondierenden Begriffe aus der Polyoptimierung und der Strukturoptimierung sind die Räume Zielraum, Entscheidungsraum und Faktorraum der Variablen Zielgrößen, Entscheidungsvariable und Bewertungsfaktoren, in denen die aufeinander abgebildeten Punktmengen effiziente Kompromißmenge, effiziente Entscheidungsmenge und die Faktormenge liegen. Die Entscheidungsmenge im Falle der Nichteffizienz und die Zielmenge im Falle der Nichtkoinzidenz mit der effizienten Kompromißmenge, die in der Theorie der Polyoptimierung vorhanden sind, treten hier nicht in Erscheinung, da für sie im Faktorraum keine analoge Punktmenge existiert.
Nachfolgend sollen einige auf dieser Basis erhaltenen Ergebnisse dargestellt werden.

Als erstes Beispiel wird ein Problem der Zuverlässigkeit betrachtet.

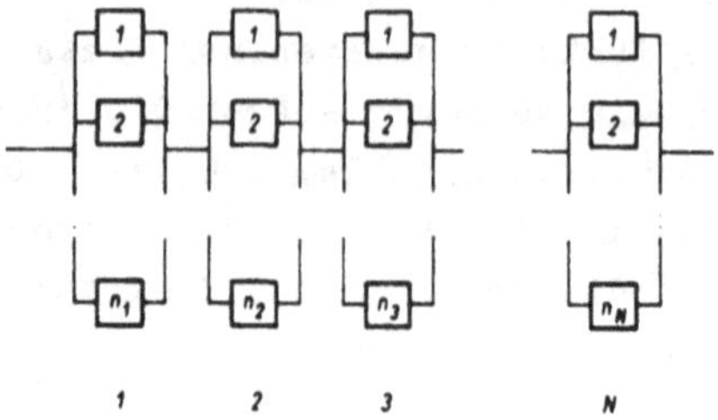

Bild 4 Zuverlässigkeitslogische Reihenparallelschaltung

Durch Reservierung von Elementen kann die Zuverlässigkeit verfahrenstechnischer Anlagen wesentlich erhöht werden. Es ist die Zahl der Reserveelemente unter Beachtung der Investkosten und der Schadenskosten infolge von Ausfällen geeignet festzulegen. Dieses Struktursyntheseproblem wird für die häufig anzutreffende zuverlässigkeitslogische Reihenparallelschaltung gelöst, wobei die Parallelschaltungen die Reservierungen bedeuten. Es sind für die N Stufen die Reservierungsanzahlen n_i optimal zu bestimmen.

$$\dot{K} = z \sum_{i=1}^{N} n_i \cdot I_i + \dot{K}_s \left[1 - \prod_{i=1}^{N} (1 - q_i^{n_i}) \right] \qquad (2)$$

Gegenüber den bisher formulierten Zielfunktionen hängt der zweite Term von allen Optimierungsvariablen ab. Es bedeuten die Größen I_i die Investbeträge für die einzelnen Elemente, $\dot{K}_s$ die maximalen Schadenskosten und q_i die mittleren jährlichen Ausfallraten. Durch Bildung dimensionsloser Größen und insbesondere durch die stetige Einbettung der ganzzahligen Reservierungsanzahlen in der Form $x_i = q_i^{n_i}$ läßt sich die Zielfunktion k in Abhängigkeit der x_i und der Bewertungsfaktoren p_i, die im wesentlichen die auf die Schadenskosten bezogenen Investkosten bedeuten, übersichtlich schreiben.

Die Lösung erhält eine übersichtliche Gestalt, allerdings im N-dimensionalen Faktorraum.

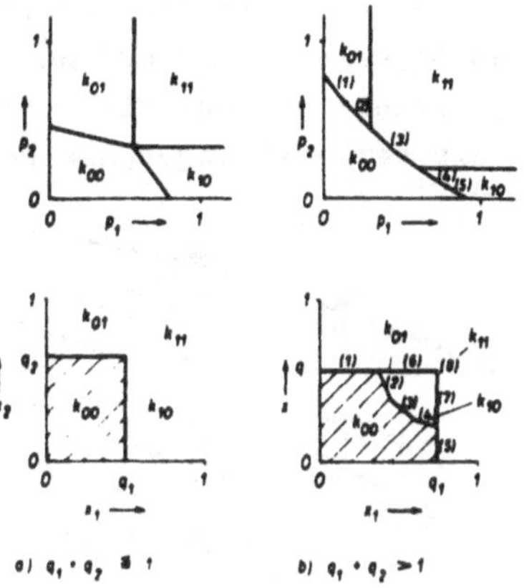

Bild 5 Effiziente Entscheidungs- und Faktormenge für den Fall N = 2

Das Bild 5 zeigt die Darstellung der Lösungsbereiche in der Faktorebene und Entscheidungsebene zunächst der Normalfall unter a). Die Bereiche k_{00} werden umkehrbar eindeutig aufeinander abgebildet. Für den Bereich k_{01} in der Faktorebene, also relativ hohen Investkosten der Elementsorte 2, gilt $x_2=q_2$ oder $n_2=1$, das heißt keine Reservierung. Analog gilt für k und schließlich werden alle Punkte aus dem Bereich k_{11} auf den Eckpunkt $x_2=q_2$ und $x_1=q_1$, also $m=n_2=1$ abgebildet. Unter b) ist die unstetige Lösung des Problems dargestellt, die sich für $q_1+q_1 > 1$ ergibt. Sie ergibt in der Entscheidungsebene innerhalb des Rechteckes noch eine zusätzliche Lösungslücke. Die Punkte der Randelemente 2, 3, 4 sind auf 6, 7 bezogen. Mit anderen Worten können gegebenenfalls Reservierungsanzahlen existieren, die nicht optimal sein können, da sie in der Lösungslücke liegen.

Es ist leicht einzusehen, daß für $N > 3$ die Lösung auf andere Weise darzustellen ist. Für die ingenieurtechnische Anwendung wird daher die Abbildung einer möglichst geringdimensionalen Untermenge des Faktorraumes gesucht. Zu einem eindimensionalen Ausschnitt gelangt man auf natürliche Weise, indem die Investkosten, fixiert und nur die wenigen genau bekannten Schadenskosten als variabel angesehen werden.

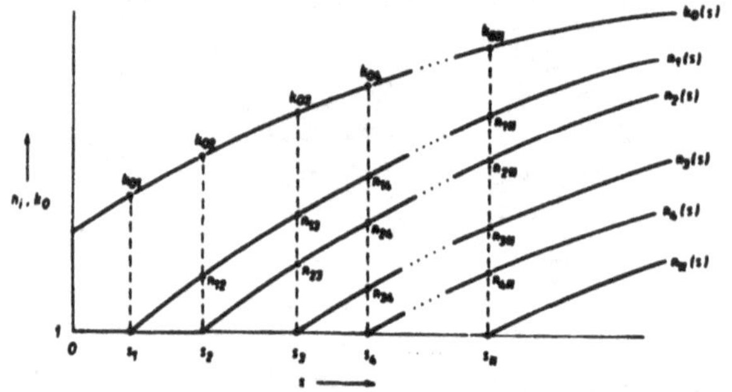

Bild 6 : Optimale Charakteristik in Abhängigkeit zu den Schadenskosten

Die zugehörige optimale Charakteristik zeigt das Bild 6. Man erkennt, daß für wachsende dimensionslose Schadenskosten zunächst eine erste Elementesorte reserviert wird, dann eine weitere usw. Die einzelnen Kurven lassen sich implizit in einfacher Weise berechnen. Meist reichen die explizit berechenbaren Stützstellen n_{ij} und das asymptotische Verhalten für $s \to \infty$ zur Konstruktion der Charakteristik schon aus. Mit Hilfe dieser Charakteristik ist es möglich für unterschiedliche Schadenskosten optimal aufeinander abgestimmte Reservierungsanzahlen zu bestimmen.
Strukturoptimierungsprobleme werden dann übersichtlich, wenn erstens das System homogen und zweitens die Modellgleichungen einfach sind. Dies gestattet andererseits mit Erfolg Systeme mit einer größeren Zahl von Elementen zu untersuchen. Ein Beispiel dafür ist die Extraktion wenn die Modellgleichungen linear angenommen werden.

Untersucht wird das Problem der Behandlung mehrerer unterschiedlich verschmutzter Abwasserströme in einer Extraktorenkaskade

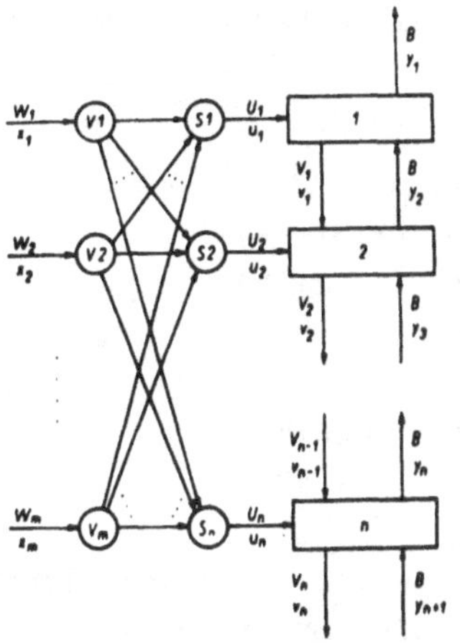

Bild 7: Vereinigungsschaltung Extraktorenkaskade und Abwasserverteilung

Das Bild 7 zeigt die Vereinigungsstruktur der Abwasserverteilung mit der Gegenstromkaskade. Über die m Verteiler und die n Sammler können die m unterschiedlichen Abwasserströme geeignet gemischt und den einzelnen Extraktoren zugeführt werden. Für vorgegebene Wassermengen W_i und deren Beladungen x_i und für vorgegebene Extraktionsmittelmenge B sind die Strukturvariablen d_{ij} so zu bestimmen, daß die Restbeladung v_n des Wassers minimal wird.

Folgende zwei Ergebnisse erhält man durch die Untersuchung der Zielfunktion. Erstens sind die zu behandelnden Wasserströme nicht aufzuteilen. Zweitens sind die Wasserströme entsprechend ihres Verschmutzungsgrades, genauer nach fallenden Beladungen des Wassers zu ordnen und der Kaskade gegebenenfalls zwischeneinzuspeisen. Zur Klärung der Frage, an welchen Stellen die Zwischeneinspeisung vorzunehmen ist, ist eine Aufgabe der ganzzahligen Optimierung zu lösen.

Als Anwendungsbeispiel wird eine Extraktorkaskade bestehend aus zwei Extraktoren betrachtet, die mit 5 Wasserströmen unterschiedlicher Menge und Verschmutzung beaufschlagt wird. Die Daten und die Ergebnisse der Rechnung für $1 \leq m_1 \leq 5$ sind in der Tabelle 1 eingetragen.

i	x_i	$\frac{W_i}{BK}$	x
1	1,0	0,2	0,24311
2	0,9	0,4	0,20437
3	0,5	0,5	0,20276
4	0,2	0,7	0,22511
5	0,1	1,0	0,25275

Tabelle 1 Beladungswerte bei unterschiedlicher Zwischeneinspeisung in eine Extraktorkaskade.

Die Daten der letzten Spalte in Tabelle 1 zeigen, daß die Beladung des Wassers dann am geringsten wird, wenn die ersten drei verschmutzten Wasserströme dem ersten und die beiden restlichen Ströme erst dem zweiten Extraktor eingespeist werden. Der Effekt ist erheblich, denn gegenüber dem üblichen Fall, daß die verschmutzten Wasserströme gemischt und dann der Kaskade zugeführt werden, erhält man für den Belastungswert den der Zeile 5 in Tabelle 1, der um etwa 25 % höher und damit ungünstiger ist, als der erreichbare Bestwert. Die Strukturparametermethode wurde erfolgreich auf eine Reihe weiterer Probleme angewendet /1/.

Literatur:

/1/ Kauschus, W.
Strukturoptimierung - Eine Methode zur Synthese verfahrenstechnischer Systeme
Dissertation B, Technische Hochschule Leuna-Merseburg, 1979

/2/ Grauer, M.
Zur Optimierung komplexer verfahrenstechnischer Systeme, Dissertation B, Technische Hochschule Leuna-Merseburg, 1979

/3/ Proceedings of the "Computer application in Chemical Engineering" Paris 1978

ÜBER DIE MÖGLICHKEITEN DER MODELLIERUNG, SIMULATION UND OPTIMIERUNG VERFAHRENSTECHNISCHER SYSTEME

PROF. DR. SC. TECHN. W. KRUG *IH Köthen*
DDR

1. Einleitung

Während noch vor einigen Jahren die Modellierung, Simulation und Optimierung in den verschiedensten Wissensgebieten rechentechnisch nebeneinander betrieben wurden, sind in jüngster Zeit Bestrebungen zu erkennen alle drei Techniken zusammenhängend bzw. iterativ zu nutzen. D. h. die dafür notwendigen Programmsysteme werden weitestgehend compatibel gestaltet und sind integrierender Bestandteil bei der Lösung einer komplexen Aufgabenstellung. In /1/ wird beispielsweise ein integriertes Methoden- und Modellbanksystem für die Entwicklung von Kernforschungsanlagen zitiert und es wird ein integriertes System von Schätzverfahren, Simulations- und Optimierungstechniken zur rechnergestützten Langfristenplanung beschrieben.

Grundanliegen dieses Beitrages ist die Vorstellung eines integrierten Systems der Modellierung, Simulation und Optimierung verfahrenstechnischer Prozesse und - Anlagen.

2. Iterativer Ablauf

In Bild 1 ist der Zusammenhang von Modellierung, Simulation und Optimierung dargestellt.

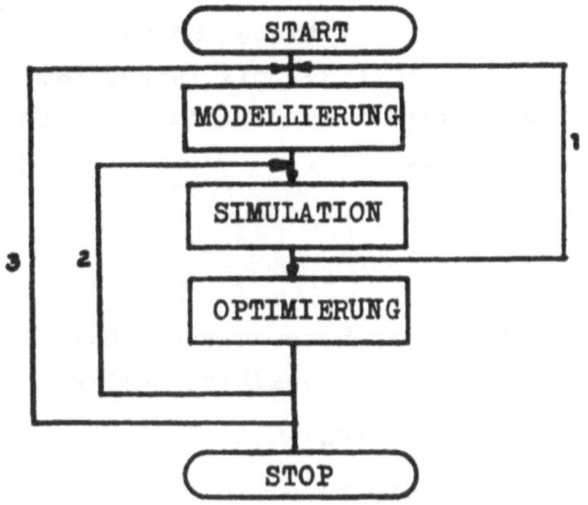

Bild 1: Iterativer Ablauf - Modellierung-Simulation-Optimierung

Der Bearbeiter einer Optimierungsaufgabe steht oft vor der schwierigen Aufgabe zunächst ein Optimierungsmodell für seine Problemstellung zu finden. Er muß sich dabei zunächst der MODELLIERUNG bedienen, d. h. ein geeignetes Modell entwickeln. Dazu bedient er sich bereits geeigneter rechentechnischer Hilfsmittel, nämlich der Simulationssoftware, also der SIMULATION. Nach endlichen Simulationsversuchen wird er gewöhnlich das Modell soweit verbessert haben, daß es den Realitäten weitestgehend nahe kommt und vielleicht unter Zugrundelegung von meßtechnischen Vergleichen seinen Vorstellungen entspricht. Hier wird bereits der iterative Ablauf (1) nach Bild 1 sichtbar.

Es kann nunmehr die Optimierung natürlich ebenfalls unter Zugrundelegung geeigneter Programmsoftware erfolgen. Wobei ohne großen rechentechnischen Aufwand die vorher entwickelten Programmbausteine bzw. benutzten Moduln eine maximale Comatibilität zeigen sollten. Die sich ergebenden ersten Optimierungsergebnisse sind nur in den seltensten Fällen sofort befriedigend. Dies gilt insbesondere im Bereich der nichtlinearen Optimierung mit Restriktionen. Damit steht auch hier die Notwendigkeit einer Iteration (nach Bild 1 iterativer Ablauf (2) bzw. (3)).

3. Modellierung

Bei der Modellierung verfahrenstechnischer Systeme sollten zwei wesentliche Modellklassen beachtet werden und zwar

PROZESS-MODELLE (PM) und ANLAGEN-MODELLE (AM).

Die PM sind relativ komplexe Modelle, d. h. sie besitzen einen hohen Freiheitsgrad und sind gewöhnlich in der Prozeßverfahrenstechnik und Systemverfahrenstechnik unentbehrliches Hilfsmittel bei der Erforschung verbesserter bzw. neuer optimaler Prozesse und Systeme.

Für die Entwicklung von PM sind verschiedene Methodiken bekannt. So wird in /2/ das verfahrenstechnische System finitisiert wie Bild 2 zeigt.

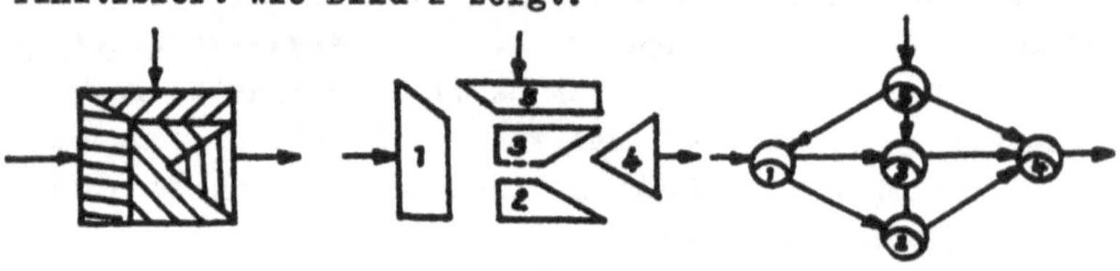

Bild 2: Finite-Elemente-Modellierung

Für das entstandene Finitė-Elemente-Modell entsteht unter Benutzung der bekannten Erhaltungssätze, wie z. B. der Energie, Masse und des Impulses, ein Gleichungssystem (für den stationären Fall ⟶ nichtlineares Gleichungssystem, für den dynamischen Fall ⟶ gewöhnliches Differentialgleichungssystem)

$$\frac{dZ}{dt} = AZ, \; Z^{(0)} \qquad (1)$$

Z ist dabei der Zustandsvektor $Z^{(0)}$ der Anfangszustandsvektor und A die Koeffizientenmatrix. Für $\frac{dZ}{dt} = 0$ ergibt sich der stationäre Fall.

Diese Methodik kann vor allem bei heterogenen verfahrenstechnischen Systemen zum Einsatz kommen und wenn mit anderen Methodiken, die im folgenden noch kurz beschrieben werden, eine ausweglose Situation bei der Lösung entstanden ist.

Eine weitere Methode der Modellierung besteht in der Beschreibung des verfahrenstechnischen Systems bzw. Prozesses mittels eines partiellen Differentialgleichungssystems der Form

$$\frac{\partial Z}{\partial t} = - \operatorname{div} (Z\omega) + \operatorname{div} (r\nabla Z) + Q, \; Z^{(0)}, \; Z^{(1)} \qquad (2)$$

und r sind dabei Parameter, und $Z^{(0)}$ sowie $Z^{(1)}$ die Anfangs- bzw. Randbedingungen. Der stationäre Zustand ergibt sich wiederum für $\frac{\partial Z}{\partial t} = 0$. Q ist ein Quellglied.

Das so entstandene Modell kann als Partial-Modell bezeichnet werden, da es die örtliche Abhängigkeit, d. h. ein System mit verteilten Parametern beschreibt. /3/ Durch Diskretisierung ist Gl. (2) in Gl. (1) überführbar, jedoch sollten für die Lösung geeignete Differenzenverfahren oder Linienverfahren sowie die Methode der finiten Elemente angewendet werden. Bei der Modellierung verfahrenstechnischer Prozesse ist vielfach weder Gl. (1) noch Gl. (2) exakt ableitbar bzw. sind einige Koeffizienten und Parameter unbekannt, sodaß über eine experimentelle Prozeßanalyse eine weitere Identifikation des Modells notwendig wird. Methodiken sind hierfür ausführlich in /4/ beschrieben worden.

Es sollen nunmehr noch einige Ausführungen zu den Anlagenmodellen (AM) folgen. Diese Modelle sind vorwiegend im Rahmen der rechnergestützten Projektierung und Optimierung von Anlagensystemen der Stoffwirtschaft von Bedeutung. Ihr Komplexitätsgrad ist im Gegensatz zu PM geringer, d. h. nicht, daß die AM daher ungenauer sind, sondern die Einschränkung bezieht sich auf die relativ fest vorgegebene Geometrie z. B. eines bereits katalogisierten Apparates. Es interessieren den Projektanten vor allem die Ausgangsgrößen in Abhängigkeit der Eingangsgrößen eines Teilmodells sowie der Einfluß einiger bestimmender Prozeßparameter des Teilmodells auf das Verhalten einer Anlage.

Demzufolge ist bei der Anlagenmodellierung immer das Zusammenspiel von Teilmodellen von Bedeutung wie dies Bild 3 erkennen läßt. Man unterscheidet dabei Blockschaltbilder, die das regelungstechnische Verhalten zu berechnen gestatten, Fließschematas zur Berechnung des Anlagenprozeßablaufs und Ausrüstungsschaltbilder zur Berechnung des Anlagensystemverhaltens.

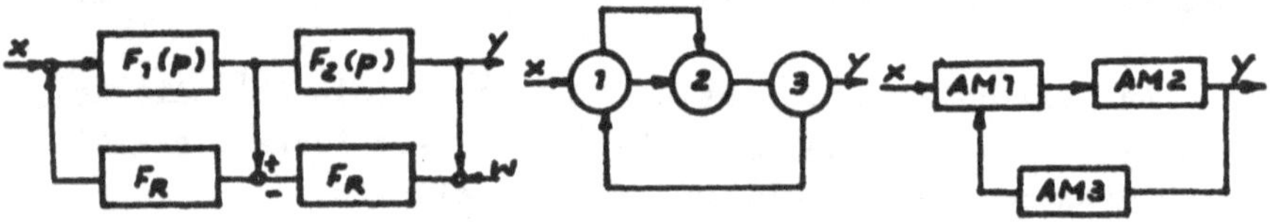

Bild 3: Blockschaltbild Fließschemata Anlagensystem

Ohne Einschränkung der Allgemeinheit können in der Praxis im Rahmen des Anlagenbaus auch PM zum Einsatz kommen. Genauso werden umgekehrt in der Systemverfahrenstechnik AM benutzt. Dies hängt jeweils von der Aufgabenstellung und den zu erfüllendem Zweck des jeweiligen Modells ab.

4. Simulation und Optimierung

In Analogie zur Modellierung ist bei der Simulation verfahrenstechnischer Systeme eine Unterteilung in die PROZESS-SIMULATION (PS) und ANLAGEN-SIMULATION (AS) sinnvoll. Während es bei der PS fast ausschließlich um die Auswertung von Simulationsversuchen, d. h. um die Lösung von gewöhnlichen Differentialgleichungssystemen und partiellen Differentialgleichungen geht, ist bei der AS das Betätigungsfeld gewöhnlich die Kopplung von Modellen (Teilmodellen bzw. AM). Aus dieser Notwendigkeit heraus ergeben sich unterschiedliche Programmtechniken bzw. Programmsysteme. In der Vergangenheit sind für die PS leistungsfähige Programmsysteme, wie DIGSEM,

BORIS1 u. a. entwickelt worden und für die AS existieren z. B. die Programmpakete SCHEMA, STASAN, DYSAN u. a. . In jüngster Zeit sind diese Systeme bereits im interaktiven DIALOG nutzbar. Dies ist damit ein 1. Schritt zur Reduzierung des iterativen Ablaufs nach Bild 1; d. h. also in einer oder mehreren Bildschirmsitzungen ist der Bearbeiter einer Aufgabe in der Lage ein Modell so zu entwickeln, daß es für die Praxis brauchbar ist.

Die PS wird vorwiegend in den Fachgebieten der Verfahrenstechnik zum Einsatz kommen und die AS in den Fachgebieten des Anlagenbaus. Die Systemverfahrenstechnik nutzt beide aus.

Auch die Optimierung sollte zweckmäßig in die

PROZESS-OPTIMIERUNG (PO) und ANLAGENOPTIMIERUNG (AO) unterteilt werden, da sowohl seitens der Zielfunktionen und Restriktionen als auch der Parameter unterschiedliche Herangehensweisen bzw. Programmrealisierungen notwendig sind. So hat beispielsweise ein PM bezüglich der Optimierung eines Prozeßwirkungsgrades gewöhnlich einen Parametervektor der eine kontinuierliche Parameteroptimierung erfordert, während bei einer (AO) vielfach nur eine diskrete Parameteroptimierung gegeben ist. Die Zielfunktionen und Restriktionen beziehen sich hierbei meist auf Kostenrelationen (z. B. Fixkosten im Verhältnis zur Masse oder Betriebskosten im Verhältnis zum Ausstoß usw.). Dabei sind die Parameter wie z. B. Apparateabmessungen, Pumpentypenreihen u. a. diskret vorgegeben. In diesem diskreten Parameterraum ist dann das Optimum mit Hilfe diskreter Optimierungsverfahren zu bestimmen.

Allgemein ist also das Optimierungsproblem wie folgt gegeben

$$F(X) \overset{!}{=} \text{Min} \quad \text{bei } X \in G := \left\{ g_i(X) \geq 0, \; i = 1(1)\, m \right\} \qquad (3)$$

wobei F(X) die Zielfunktion, X der Parametervektor und G der durch die Restriktionen $g_i(X)$ begrenzte euklidische Raum bedeuten.

Für die kontinuierliche nichtlineare Parameteroptimierung sind in der Vergangenheit eine Vielzahl von numerischen Verfahren, die in der Literatur auch unter den direkten Suchverfahren eingeordnet werden, entworfen worden. Leider gibt es bis heute kein Verfahren, welches globalkonvergente Aussagen liefert, sondern es existieren zur Konvergenz und Konvergenzgeschwindigkeit nur an Hand eingeschränkter Annahmen über die Topologie des Optimierungsproblems teilweise theoretische Überlegungen bzw. Beweise.

Unter Berücksichtigung dieser Tatsache wurde für die PO ein Programmsystem mit einem adaptiven Lernsystem (LAMAIN), welches 10 repräsentative Verfahren zur nichtstochastischen kontinuierlichen statischen nichtlinearen Parameteroptimierung enthält, geschaffen und ist in /5/ beschrieben.

Aus Gl. (3) ergibt sich, daß zur Berechnung eines Zielfunktionswertes in G vielfach Simulationsversuche vorausgehen müssen. Das bedeutet, daß nach Möglichkeit das bereits im Simulationsprogramm verwendete PM für die PO genutzt wird. Anders ausgedrückt bedeutet dies die Kopplung des Simulationsprogrammsystems mit dem Optimierungsprogrammsystem. Ein derartiges integriertes Simulations- und Optimierungssystem (KOSMO) wurde für die Verfahrenstechnik für den interaktiven DIALOG entwickelt. Wobei weitestgehend vorhandene Programmpakete in FORTRAN wie BORIS1 und LAMAIN die Grundlage bildeten.

5. Integriertes System ISSOP

In Bild 4 ist das integrierte System zur Simulation und Optimierung verfahrenstechnischer Prozesse und Systeme dargestellt.

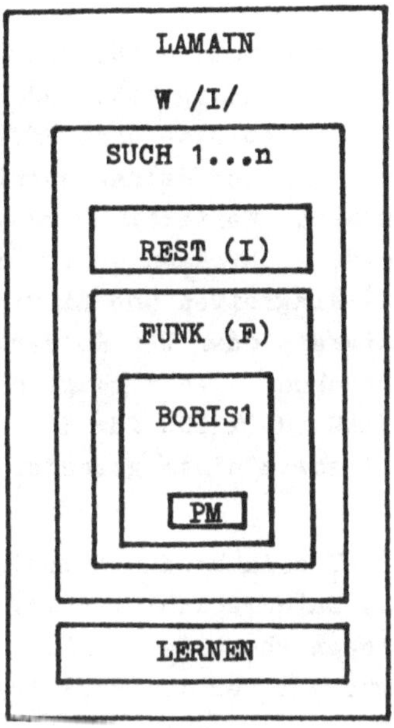

Bild 4: Integriertes Simulations- und Optimierungssystem ISSOP

Das vom Bearbeiter entwickelte PM wird einmal in der Sprache FORTRANIV in BORIS1 /6/ notiert und damit können bereits im interaktiven DIALOG die Simulationsversuche erfolgen. Danach ist vom Bearbeiter im Unterprogramm FUNK(F) die Zielfunktion F(X) zu beschreiben und im Unterprogramm REST(I) sind die Restriktionen $g_i(X) \geq 0$, $i = 1(1)\, m$ festzulegen.

Über einen Wahrscheinlichkeitsvektor W(I) erfolgt unter Berücksichtigung des LERNENs die Steuerung der SUCH-Algorithmen von LAMAIN. Dies erfolgt ebenfalls im DIALOG, sodaß der Bearbeiter aktiv in den Optimierungsablauf eingreifen kann und was sehr bedeutsam ist, er wird nach Bedarf den iterativen Ablauf nach Bild 1 durchführen können.

6. Interaktiver DIALOG

Die interaktive Arbeit ist heutzutage für die Modellentwicklung, Simulation und Optimierung sehr bedeutsam da gegenüber dem CLOSED-JOB Betrieb etwa eine Effektivitätsverbesserung bei der Anwendung der Rechentechnik von etwa dem Faktor fünf erreicht wird. Weiterhin wird das Schöpfertum des Bearbeiters gefördert. Er kann aktiv in die einzelnen Phasen nach Bild 1 eingreifen und Einfluß ausüben und bei erreichter Genauigkeit oder bei Konvergenzschwierigkeiten den DIALOG abbrechen. Bild 5 zeigt den shhematischen Aufbau von BORIS1/LAMAIN-DIALOG für die EC-Serie mit dem Betriebssystem OS 4.1 sowie einem gesonderten Regieprogramm TERMINAL.

Das Dialogprogramm ADISPLAY erlaubt die Durchführung von Programmkorrekturen sowie Datenmanipulationen. Falls der Bearbeiter ab einer gewissen Phase des DIALOG eine weitere Verarbeitung im STAPEL wünscht, so ist dies ebenfalls möglich und realisierbar.

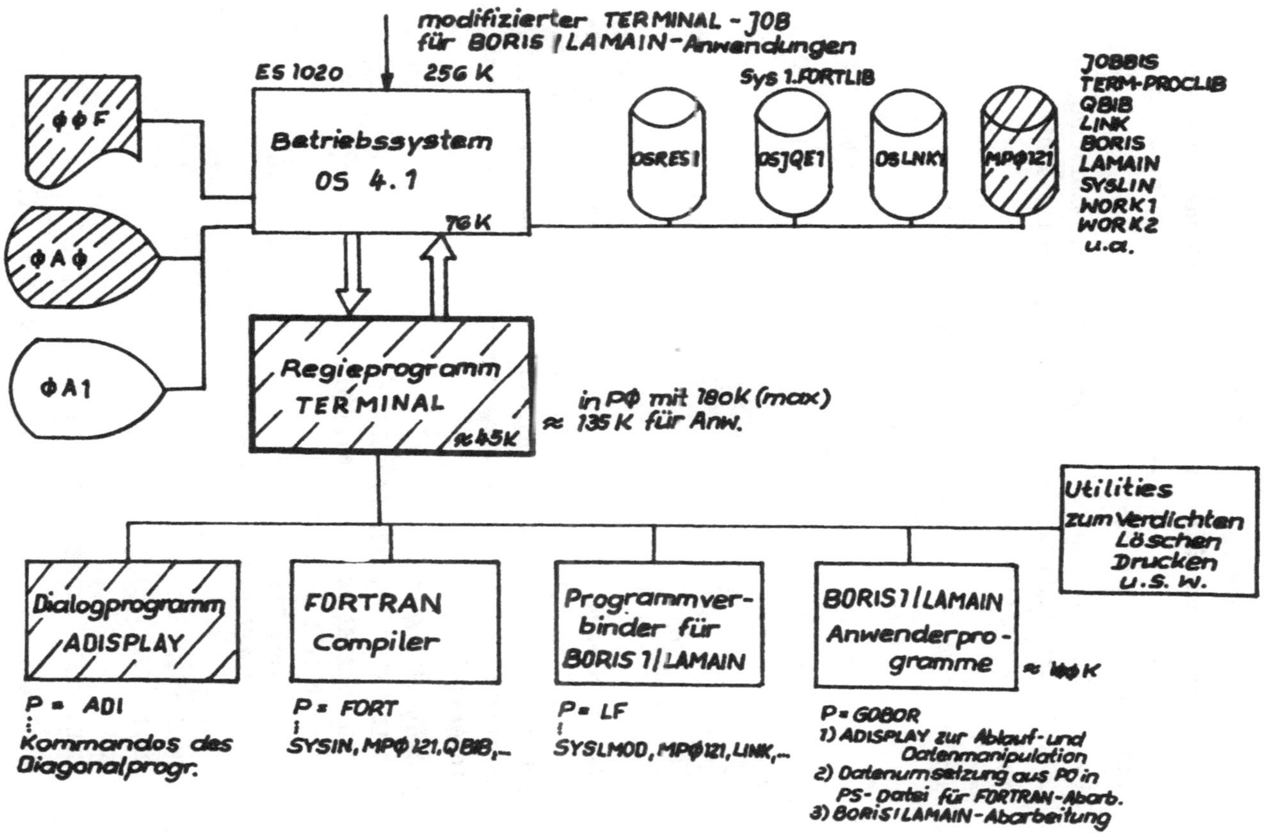

Bild 5 : BORIS 1/ LAMAIN - DIALOG

7. Beispiele

7.1. Prozeß-Simulation und -Optimierung

Bei einem technischen Prozeßvorgang soll das Temperaturprofil T_1, T_2, T_3 für die Parameter x_1, x_2, x_3 entsprechend minimiert werden.

Für die Modellierung des PM wurde die Finitisierung nach Bild 2 benutzt, sodaß das folgende gewöhnliche Differentialgleichungssystem entstand

$$\frac{dT_1}{dt} = -5{,}24\ T_1 + 0{,}242\ (2{,}73 + \frac{T_1}{100})^4 + x_1 T_2 \qquad (4)$$

$$\frac{dT_2}{dt} = -180\ T_2 + 61\ T_1 + 26{,}6 \cdot x_2$$

$$\frac{dT_3}{dt} = -2{,}66\ T_3 + 1{,}33\ T_2 + x_3 T_1$$

$$T_1^{(0)} = T_2^{(0)} = T_3^{(0)} = 27$$

Dieses PM wurde für BORIS1 wie folgt notiert und es wurden im DIALOG zunächst Simulationsversuche für die Temperaturen T_1, T_2, T_3 durchgeführt, um die Realität des Modells zu ergründen. Für x_1, x_2, x_3 wurden vorerst Versuchswerte eingesetzt.

```
1 CALL BEGZYK
  CALL RK2SS (N, SS, PMODEL)
3 CALL TINTER (N, SS, TINT, INS)
  CALL TAB4 (T1,T2,T3,S)
  GOTO (3,4) INS
4 CALL ENDZYK (IS)
  SS=SS-S
  GOTO (1,2) IS
2 CALL EXIT
  END
  SUBROUTINE PMODEL (SS,T,G)
    :
  G(1) = - 5.24 * T(1) + 0.242 * (2.73 + ...) +
    :
  END
```

Nach erfolgreicher Modellentwicklung und Simulation erfolgte die Parameteroptimierung in DIALOG mit LAMAIN. Dazu wurde die Zielfunktion $F(X) = T_1x_2 + T_2x_2^2 + T_3x_3^2$ in FUNK(F) notiert und es wurden die Restriktionen $X_u - X - X_o$ in REST(I) festgelegt.

```
SUBROUTINE FUNK(F)
  :
F = T1*X(1) + T2*X(2)**2 + T3*X(3)**2
  :
END
FUNCTION REST(I)
  :
REST1 = XO1 - X(1)
REST2 = XU1 - X(1)
  :
END
```

Am Bildschirm konnte der Lösungsverlauf anschaulich verfolgt werden. Es arbeiteten nacheinander die Suchverfahren (Gradientenmethode, Stochastische Methode, Kombinierte Methode, Straf- und Barriere-Methoden). Am erfolgreichsten zeigte sich die kombinierte Methode, die Startpunkte zufällig wählt und danach deterministisch sucht.

Der Rechenaufwand betrug 20 min ZE-Zeit und es mußten 3 Sitzungen zu je 1 Stunde am Bildschirm durchgeführt werden.

7.2. Parameterschätzung in einem Prozeßmodell

Eine Polymerisationsreaktion wird durch ein gewöhnliches Differentialgleichungssystem beschrieben. Der Parametervektor

$$X = (x_1, x_2, x_3, x_4, x_5)^T$$

ist unbekannt und soll über vorliegende Messungen für die Zustandsgrößen

$$Z = (z_1, z_2, z_3)^T$$

identifiziert werden.

Optimierungsmodell:

$$\frac{dz_1}{dt} = - z_1 \cdot c_{ON} (x_1 + z_1/z_2 + 1)/x_2$$

$$\frac{dz_2}{dt} = - z_2 \cdot c_{ON} (x_2 + z_1/z_2)/x_2$$

$$\frac{dz_3}{dt} = - 0,002358 \ z_3$$

Der Konzentrationskoeffizient c_{ON} ergab sich zu

$$c_{ON} = \sqrt{z_3/(x_3 z_1 z_2/z_2^2 + x_5 z_1/z_2 + x_4)}.$$

Es lagen Meßreihen für $Z^* = (z_1^*, z_2^*, z_3^*)^T$ vor und als Zielfunktion wurde

$$F(X) = (Z^* - Z)^T (Z^* - Z) \stackrel{!}{=} \text{Min}$$

gewählt.

Die Parameter waren wie folgt beschränkt:

$$\left.\begin{aligned} g_i(X) &= x_i + 10^6 \geq 0 \\ g_j(X) &= 10^6 - x_i \geq 0 \end{aligned}\right\} \quad \begin{aligned} &i=1(1)5 \\ &j=6(1)10 \end{aligned}$$

Die Lösung erfolgte durch Simulation des Prozeßmodells mit BORIS1 und Optimierung des Optimierungsmodells mit LAMAIN durch Kopplung beider Programmsysteme.

8. Literaturverzeichnis

/1/ Drepper, F., Heckler, R., Schwefel, H.P.
Ein integriertes System von Schätzverfahren, Simulations- und Optimierungstechniken zur rechnergestützten Langfristenplanung
aus: K.H. Böhlig, P.P. Spies
GI - 9. Jahrestagung
Springer-Verlag, Berlin Heidelberg New York
1979 (Informationsberichte, Band 19)

/2/ Heinrich/Krug
Modellierung luft- und kältetechnischer Prozesse
Verlag Technik Berlin, 1978

/3/ Brack, G.
Dynamische Modelle verfahrenstechnischer Prozesse
(Reihe Automatisierungstechnik, Bd. 115)
Berlin, VEB Verlag Technik 1972

/4/ Krug, W.
Zur Simulativen Prozeßanalyse von Systemen msr 18(1975)
H. 7, S. 258-261

/5/ Krug, W.
Zur rechnergestützten Optimierung in der Verfahrenstechnik mit Hilfe eines adaptiven Lernsystems
Chem. Technik, 31. Jg., Heft 7, Juli 79
S. 356-358

ANWENDUNG DER SIMULATIONSTECHNIK IM CHEMIEANLAGENBAU

Manfred Wagner

VEB Chemieanlagenbaukombinat
Leipzig/Grimma - Stammbetrieb
Betrieb Anlagenbau

1. Aufgaben der Simulationstechnik im Chemieanlagenbau

In den verschiedenen Phasen der Investvorbereitung von Chemieanlagen kommt der Simulationstechnik, das heißt, dem zielgerichteten Experimentieren mit mathematischen Modellen bei unterschiedlicher rechentechnischer Realisierung, eine wachsende Bedeutung zu. Es lassen sich zur Zeit folgende Aufgabengebiete der Simulationstechnik aus einer Reihe von Anwendungen heraus erkennen:

- Unterstützung der Verfahrensentwicklung durch Simulation der wichtigsten reaktionstechnischen und verfahrenstechnischen Prozesse in Zusammenarbeit mit dem Verfahrensträger
- Technologische Gestaltung der wichtigsten Prozeßabschnitte
- Dimensionierung der Hauptausrüstungen zur Garantie der Anlagenfunktion bei allen Lastfällen
- Entwurf der Automatisierungssysteme
- Betriebsvarianten für optimale Energieausnutzung und Inbetriebnahme der Anlage

Die zur Verfügung stehende Simulationstechnik, die ab 1970 aus eigenen Kräften entwickelt wurde, besteht im wesentlichen aus verschiedenen Programmsystemen zur digitalen Simulation kontinuierlicher Systeme. Dabei werden Rechenmodelle sowohl für statische als auch für dynamische Vorgänge benötigt, wie aus den genannten Aufgabengebieten ersichtlich ist. Für statische Zusammenhänge sind spezielle Fließschematasimulationssysteme im Einsatz. Die Fließschematasimulationssysteme (flowsheet simulation) sind in verschiedenen Ausbaustufen vorhanden, von der Berechnung von Mengenfließschemata bis zur Berechnung von

Apparateschaltungen mit Zugriff zu Dateien für Stoffwerte und Ausrüstungsdaten für Apparate bei Anlagen mit technologischen Rückführungen. Zielstellungen der Fließschemasimulation sind:

- Berechnung der Stoffstromzusammensetzungen an Ausgängen von Grundoperationsstufen, bzw. Apparaten
- Berechnung der Apparateparameter (Apparateauswahl aus einer Typenreihe) zum Erreichen geforderter Stoffstromparameter am Apparateausgang unter Verwendung von Optimierungsstrategien.

Dabei wird vom normalen Betriebszustand der Anlage ausgegangen. Der Modellvorrat besteht bei der Fließschematasimulation im wesentlichen aus algebraischen Gleichungen für Bilanzoperationen und Grundoperationen. Die Rechenmodelle werden blockorientiert aufgebaut unter Zuhilfenahme von Iterationsalgorithmen für den Abgleich technologischer Rückführungen.

Für die Bearbeitung des umfassenderen Problemkreises, der das dynamische Verhalten von Anlagen, kombiniert mit statischen Zusammenhängen, oder die Berechnung von Profilen entlang von Strömungswegen umfaßt, kommen Programmsysteme zur digitalen Simulation kontinuierlicher Systeme zum Einsatz, die im wesentlichen die Lösung von gewöhnlichen Differentialgleichungssystemen beinhalten.

Die eingangs genannten Aufgabengebiete der Simulationstechnik im Chemieanlagenbau benötigen "makroskopische Modelle" der Apparate und Prozeßstufen, die zu einer Chemieanlage zusammengefügt sind. Unter makroskopischen Modellen seien hier vereinfachte, summarische Modelle für Wärmetransport-Stoffumwandlungs- und Stofftransportvorgänge genannt, die das Verhalten der Chemieanlage bezüglich Abmessungen der Hauptapparate, Fahrweise einschließlich des Inbetriebnahmeverhaltens und Funktion der Regelungssysteme genügend genau beschreiben. Dabei nehmen wärmetechnische Problemstellungen in Verbindung mit dem Vergleich technologischer Varianten einen breiten Raum der genannten Aufgabengebiete ein. Der verwendete Modellvorrat besteht aus Systemen gewöhnlicher Differentialgleichungen und algebraischer Gleichungen.

Im folgenden werden die im Chemieanlagenbau benutzten Programmsysteme zur digitalen Simulation kontinuierlicher Systeme näher beschrieben. Diese Programmsysteme sind allgemeingültig aufgebaut und für die Anwendung im Chemieanlagenbau nur um einen speziellen Modellvorrat ergänzt.

2. Angewendete Simulationstechniken im Chemieanlagenbau

2.1. Digitale Simulation im Stapelbetrieb mit EC 1040

Zur Verfügung steht das Simulationsprogrammsystem DIGSIM - ES zur Simulation dynamischer und statischer Rechenmodelle. Weitere Steuerungsvarianten des Simulationsprogramms ermöglichen die Durchführung von Parameteroptimierungen und Empfindlichkeitsanalysen. Das Programmsystem ist allgemeingültig zur Simulation kontinuierlicher Systeme aufgebaut. Es benötigt einen Hauptspeicherbereich von max. 128 K Byte. Die Struktur des Programmsystems ist im Bild 1 dargestellt.

Der Nutzer stellt sein Rechenmodell im Programmteil NOTE unter Verwendung des vorhandenen Blockvorrats zusammen. Zur Verfügung stehen folgende Blocktypen:

- Elementarblöcke: z.B.
  - Integrator (INT1)
  - Summator (SUM2)
  - Verzögerungsglied (VEZ)
  - Verwendung von FORTRAN-Anweisungen
- mathematische Komplexblöcke: z.B.
  - gewöhnliche Differentialgleichungen (ADG2)
  - nichtlineare algebraische Gleichungen (NIL)
  - lineare algebraische Gleichungen (LIN)
- prozeßbezogene Komplexblöcke: z.B.
  - Wärmeübertrager (WATF)
  - Rohrreaktor (REAK)
  - diskontinuierliche Rührmaschine (DISK)

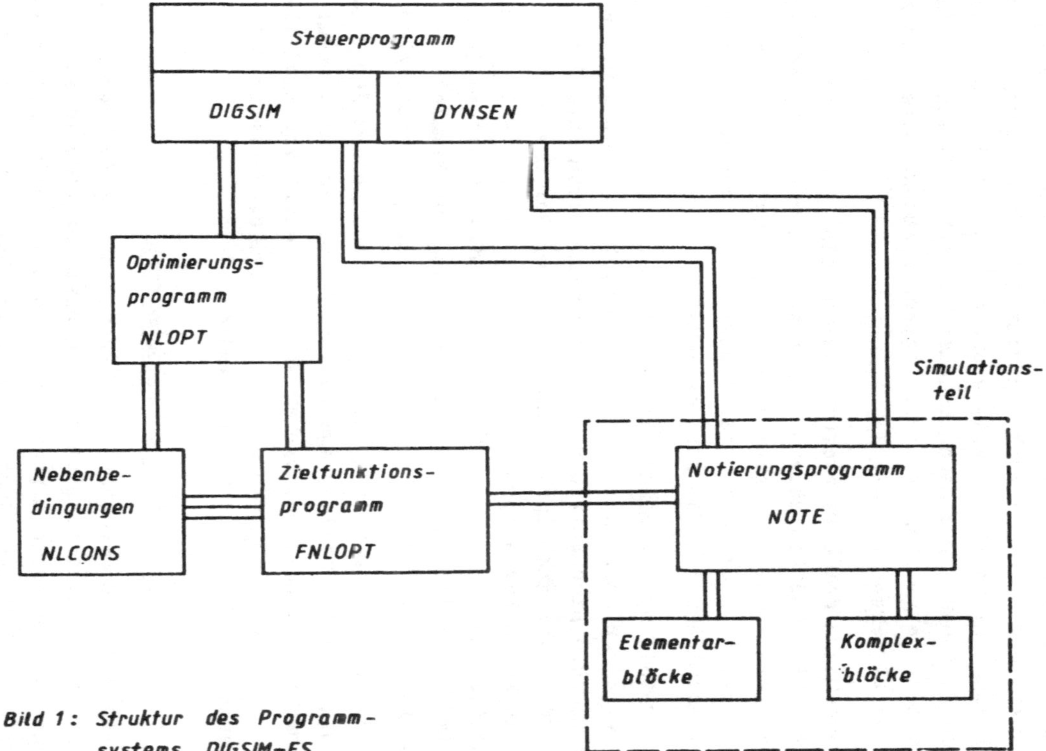

Bild 1: Struktur des Programm-
systems DIGSIM-ES

Die prozeßbezogenen Komplexblöcke werden unter Verwendung der mathematischen Komplexblöcke aufgestellt. Ihre Verwendung bewirkt einen großen Rationalisierungseffekt bei der Modellaufstellung, indem große Rechenmodelle in vielen Fällen aus vorliegenden, getesteten, prozeßbezogenen Komplexblöcken zusammengesetzt werden können.

Bei Anwendung der Parameteroptimierung sind zusätzlich die Zielfunktion und die Nebenbedingungen nach vorgegebenem Muster zu programmieren. Das verwendete Optimierungsverfahren nach Box, kombiniert mit der Strafenfunktionsmethode nach Rosenbrock sucht das Minimum der Zielfunktion.

Die Darstellung der Simulationsergebnisse kann in vielfältiger Form erfolgen, z.B. als Zahlenkolonnen, Zeilendruckgrafiken über mehrere Druckseiten hinweg, oder als Stromvektordarstellung für statische Simulationsergebnisse. Für Ergebnisdarstellungen in Kurvenform mit hoher Genauigkeit steht ein Digitalplotter zur Verfügung. Das Beispiel einer Plotterzeichnung ist im Bild 2 dargestellt. Die Handhabung des Simulationsprogrammsystems DIGSIM - ES ist ausführlich in [1] beschrieben.

DIGSIM - ES ist gegenwärtig die Hauptanwendungsform der Simulationstechnik im Chemieanlagenbau. Rechenzeiten für 1 Simulationsschritt liegen bei bisher abgearbeiteten Rechenmodellen in der Größenordnung von 0,1 ... 2 Sekunden. Maximale Gesamtrechenzeiten betragen etwa 20 Minuten.

2.2. Digitale Simulation im Dialogbetrieb

Genutzt wird das Rechnersystem DDP 516 an der TU Dresden, das mit einem Teilnehmersystem für den Dialogbetrieb zwischen Rechner und mehreren alphanumerischen Bildschirmarbeitsplätzen ausgerüstet ist. Das Zugriffsverfahren beruht auf dem timesharing-Prinzip; der Dialog erfolgt in der Problemsprache FORTRAN.

Die derzeitige Ausbaustufe des Programmsystems DIALOG - DIGSIM umfaßt die Simulation unter Verwendung von Elementarblöcken

Bild 2

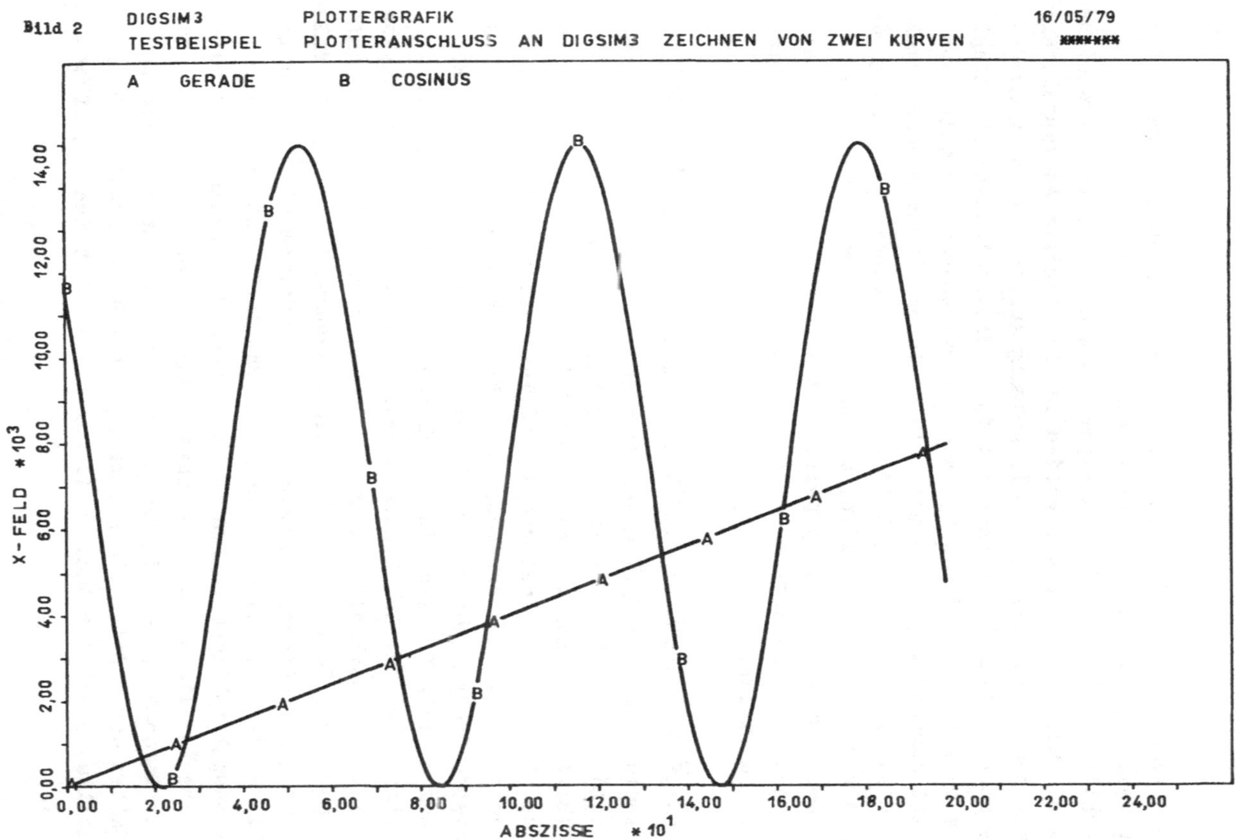
DIGSIM3
PLOTTERGRAFIK
16/05/79
TESTBEISPIEL
PLOTTERANSCHLUSS AN DIGSIM3 ZEICHNEN VON ZWEI KURVEN
A GERADE
B COSINUS
X - FELD * 10³
0,00
2,00
4,00
6,00
8,00
10,00
12,00
14,00
ABSZISSE * 10¹
0,00
2,00
4,00
6,00
8,00
10,00
12,00
14,00
16,00
18,00
20,00
22,00
24,00

und einfachen Komplexblöcken. Zur Zeit können mehrere Nutzer parallel im Dialog die Rechenmodelle erarbeiten und anschließend die Simulationsexperimente durchführen. Ergebnisse sowie Modellnotierungen werden auf Plattendateien ausgelagert und können am Ende der Dialogsitzung ausgedruckt oder ausgestanzt werden. Die Rechenzeit für 1 Simulationsschritt liegt im Bereich von 0,1 ... 5 Sekunden. Das Anwendungsgebiet umfaßt gegenwärtig die Simulation einfacher Prozesse und Regelkreise (maximal etwa 6 Differentialgleichungen 1. Ordnung) und den Test von Teilmodellen, die danach zu großen Modellen zusammengesetzt und im Stapelbetrieb mit EC 1040 abgearbeitet werden. Eine Beschreibung des Systems DIALOG - DIGSIM ist in [2] zu finden.

2.3. Hybride Simulation mit dem System ADT 3000 - KRS 4200

Genutzt wird das System der Hochschule für Verkehrswesen in Dresden in Verbindung mit dem hybriden Betriebssystem DIWA - Hybrid. Abgesehen von dem hohen Zeitaufwand für Programmierung des Digital- und Analogteils und Test des gesamten Systems trotz der Erleichterungen, die DIWA - Hybrid bietet, erscheint dieses System geeignet zur Simulation von Modellen, die die Lösung part. Differentialgleichungen nach der Differenzenmethode beinhalten. Die hohe Rechengeschwindigkeit des Analogteils, der Rechenzeiten in der Größenordnung von Millisekunden ermöglicht, läßt sich jedoch nicht ausschöpfen durch die Trägheit des Plotters. Probleme bereiten außerdem die Ungenauigkeiten der nichtlinearen analogen Rechenelemente wie Funktionsmultiplikatoren und -generatoren. Die Simulationsergebnisse für ein chemisches Reaktionssystem lassen erkennen, daß die Berechnung der algebraischen Ausdrücke für die rechten Seiten der Differentialgleichungen vom Digitalteil erfolgen sollte, sodaß der Analogteil nur die Integration auszuführen hat.

Bild 3: Schema des zu modellierenden autothermen Reaktionssystems

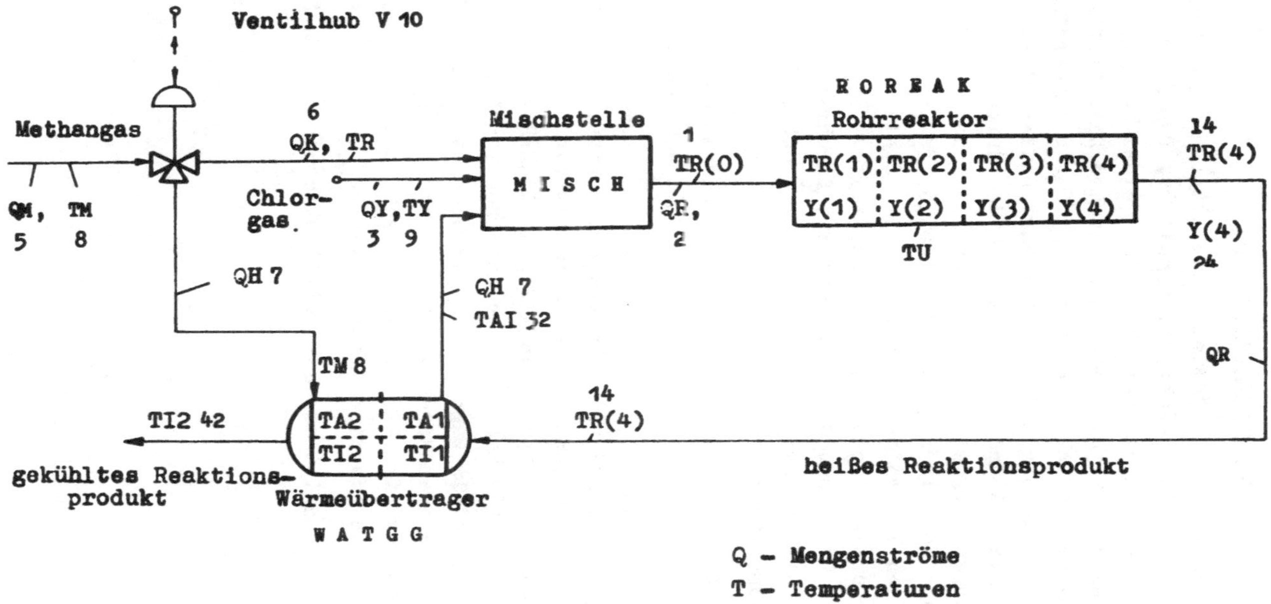

3. Behandlung eines Beispiels

Das im Bild 3 dargestellte Reaktionssystem wird vergleichsweise digital und hybrid simuliert. Das Reaktionssystem besteht aus einem Rohrreaktor und einem Wärmeübertrager, deren Modelle je 2 partielle nichtlineare Differentialgleichungen umfassen. Durch Diskretisierung der Ortskoordinate entstehen 8 und 4 gewöhnliche nichtlineare Differentialgleichungen. Stellventil und Mischstelle werden durch algebraische Gleichungen dargestellt. In dieser Form ist das Modell Ausgangspunkt für die digitale Simulation. Für die hybride Simulation werden am Analogteil Mischstelle, Stellventil, Wärmeübertrager und ein Abschnitt des Rohrreaktors modelliert. Der Digitalteil übernimmt die Steuerung zur Durchrechnung von n Abschnitten des Rohrreaktors und zur Durchrechnung des gesamten Reaktionssystems.

Das Prinzip der Steuerung des analogen und digitalen Teils für die hybride Simulation ist im Bild 4 dargestellt.

Im folgenden soll näher auf die Rechenmodellgestaltung für die digitale Simulation eingegangen werden. Der Modellstruktur liegt die technologische Struktur zugrunde. Für die Apparate werden die Komplexblöcke MISCH, ROREAK und WATGG verwendet. Den Variablennamen werden Adressen von 1 ... 500 aus einem Variablenfeld zugewiesen. Die Blockkopplung erfolgt über die Adressen oder Namen der Blockausgangsvariablen bzw. Anfangszustandsvariablen, die den entsprechenden Blockeingangsvariablen identisch gesetzt werden.

Ein Ausschnitt aus der Modellnotierung ist im folgenden dargestellt.

Bild 4: Schema der hybriden Simulation des Reaktionssystems

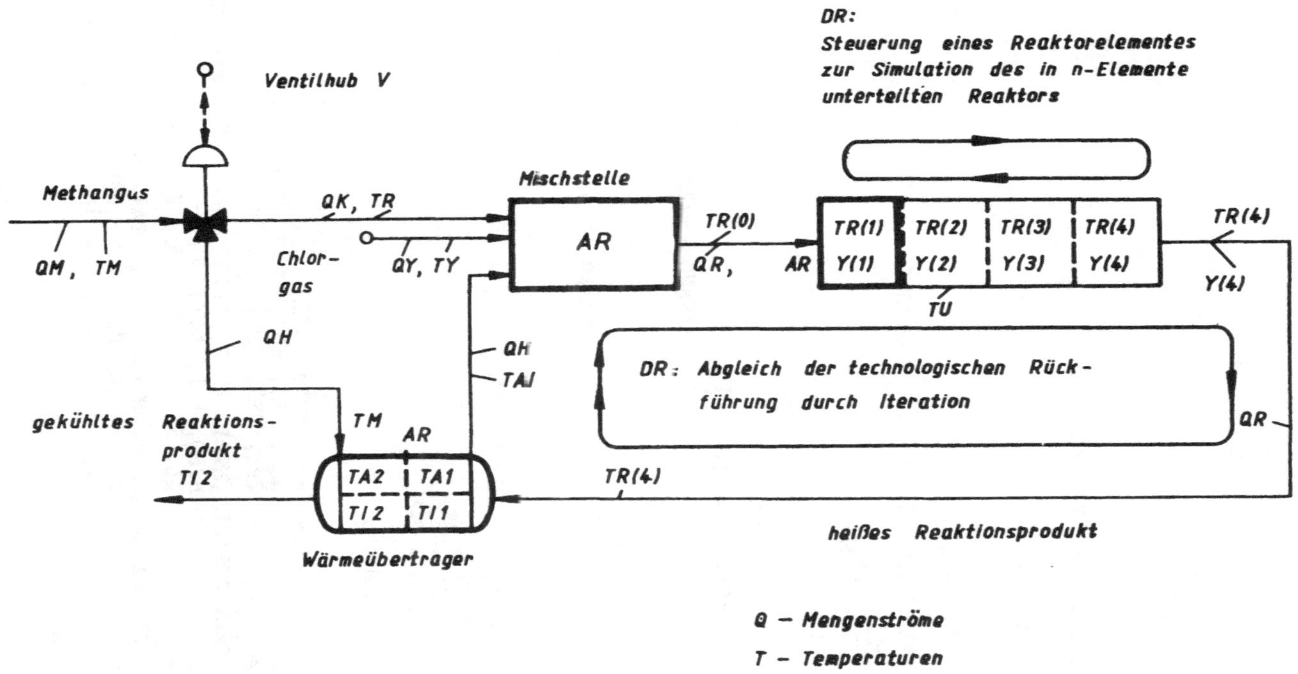

Problemnotierung mit DIGSIM - ES

```
      SUBROUTINE NOTE
      COMMON/XAUS/ ....
        :
C  DEFINITION DER PROZESSVARIABLEN
      NTM = 8
      NQK = 6
       :
      NTA1 = 31
C  DEFINITION DER PROZESSPARAMETER
      ZL = 9.75
      RI = 0.372
       :
C  ANFANGSZUSTAND
      XA(NTR1) = 473.    )
         :               )   ANFANGSWERTE
      XA(NY4) = 0.       )
      X(NWK)  = 1.49     )
      X(NQY)  = 0.47     )
         :               )   EINGANGSZUSTAND
                         )
C  SIMULATIONSSTEUERPARAMETER
      TIMENU = 0.
      TIMEMA = 250.
      DELTAZ = 0.5
C  RECHENMODELL
      :
      CALL MISCH (NQR, NTRO, NCPM,
     *            NQK, NTM, NQH, NTA1, NQY, NTY,
     *            CP1, CP2, CP3)
      CALL ROREAK (NTR1, NTR2, NTR3, NTR4, NY1, NY2, NY3, NY4,
     *            NTRO, NQR, NQY, NCPM,
     *            ZL, RI, WK, TU, RHO, RH, CO, E)
      CALL WATGG (NTI1, NTI2, NTA2, NTA1, NQR, NQH,
     *            NTR4, NQR, NTM, NQH, NWK,
                  CI, CB, CA, CR, PL, RB, DA, DI, DRA, DRI, ZR)
      RETURN
      END
```

4. Vergleich zwischen digitaler und hybrider Simulation

Folgende Tabelle zeigt eine Gegenüberstellung des Simulationsaufwandes der digitalen Simulation mit DIGSIM - ES an EC 1040 und der hybriden Simulation bei Nutzung des Systems ADT 3000 - KRS 4200.

digitale Simulation	hybride Simulation
Modellaufwand: - 25 Programmzeilen bei Verwendung von 3 Komplexblöcken, die 12 Dfgl. entsprechen - 20 - 40 Programmzeilen für einen Komplexblock - 600 Simulationsschritte, d.h. Modellberechnungen Rechenzeitaufwand bei EC 1040: - Simulationsrechenzeit 800 s - Gesamtrechenzeit im Stapelbetrieb 1200 s Modelldurchrechnung erfolgt in geschlossener Form ohne Iteration	Modellaufwand: - Analogteil: 7 Integrierer 23 Koeffizientenpotentiometer 13 Summierer 1 Multiplizierer 1 Funktionsgenerator 4 AD-Wandler 2 DA-Wandler - Digitalteil: 120 Programmzeilen Steuerprogramm 180 Programmzeilen Problemprogramm Prüfprogramm - Datentransport: 400 Abtastungen im Lösungsbereich Rechenzeitaufwand: 3 s für Simulation eines Reaktorabschnittes, bedingt durch Trägheit des xy-Schreibers (sonst im ms-Bereich) Gesamtrechenzeit 30 ... 50 s bei 4 Reaktorabschnitten und überlagerter Iteration für das Gesamtmodell

5. Betrachtungen zur rationellen Anwendung der Simulationstechnik

Die gegenwärtig vorhandene Vielfalt von Programmsystemen zur Simulation kontinuierlicher Systeme mit den erreichten Ausbaustufen ist für die zutreffenden Anwendungsgebiete völlig ausreichend. Um jedoch den erheblichen Arbeits- und Zeitaufwand für die Herstellung getesteter Rechenmodelle spezieller Systeme zu senken, ist es erforderlich, eine Koordinierung der Erarbeitung von Rechenmodellen in den einzelnen Anwenderbereichen (z.B. Automatisierungstechnik, chemische Technologie, Kraftwerksanlagen, Mikrobiologie) zu erreichen. Diese Rechenmodelle für spezielle kontinuierliche Systeme sind so zu gestalten, daß eine Kopplung zwischen ihnen ohne Probleme zu umfassenderen Rechenmodellen möglich ist.

Für das Gebiet der chemischen Technologie erfüllen die prozeßbezogenen Komplexblöcke des Programmsystems DIGSIM - ES diese Forderungen. Gegenwärtig liegen etwa 25 derartige Blöcke vor.

Im folgenden ist die Struktur eines derartigen Komplexblockes angegeben, wobei mit einer Kennziffer das dynamische oder statische Modell des zugrunde liegenden Prozesses gewählt werden kann.

Das dynamische Modell beinhaltet die Lösung eines Systems gewöhnlicher Differentialgleichungen 1. Ordnung nach dem Runge-Kutta-Gill-Verfahren mit variabler Schrittweite. Das statische Modell beinhaltet die Lösung des nichtlinearen algebraischen Gleichungssystems, welches entsteht, wenn die rechten Seiten des Systems der gewöhnlichen Differentialgleichungen 1. Ordnung gleich Null gesetzt werden. Das statische Modell beschreibt somit den statischen Endzustand (den Ausgleichszustand) des dynamischen Vorgangs.

Prinzipieller Aufbau eines prozeßbezogenen Komplexblockes

```
SUBROUTINE PROZESS (NA1, ... NAI,     Ausgangsvariable
                    NE1, ... NEJ,     Eingangsvariable
                    P1, ... PM        Prozeßparameter
                    SP1, ... SPR, K)  Steuerparameter
                                K = 0: dynamisches Modell
                                K = 1: statisches Modell

COMMON/XAUS/... Kopplung mit allen DIGSIM-Variablen
COMMON/HILF/... Übertragung von Hilfsparametern zur Berechnung
                der "rechten Seiten" der Gleichungssysteme in
                SR PROZER und SR PROZEF

EXTERNAL PROZER, PROZEF

IF(K.NE.0) GOTO 2

 CALL ADG2 (NA1, ... NA10,          Komplexblock zur Lösung
*          NE1, ... NE10,           gewöhnlicher Differential-
*          SP1, ... SPM, PROZER)    gleichungen

 GOTO 3
2 CALL NIL1 (NA1, ... NA10,         Komplexblock zur Lösung
*            NE1, ... NE10,         nichtlinearer algebraischer
*            SP1, ... SPR, PROZEF   Gleichungen

3 RETURN
  END
```

Die "rechten Seiten" sind programmiert in
SUBROUTINE PROZER und
SUBROUTINE PROZEF

Die Arbeiten mit Komplexblöcken dieses kombinierten Verhaltens befinden sich zur Zeit im Teststadium.

Nach unseren langjährigen Erfahrungen ist es zweckmäßig, Rechenmodelle für spezielle Teilprozesse in Form von einheitlichen Komplexblöcken aufzustellen. Zum einen Teil erreicht man damit einen Rationalisierungseffekt bei der Wiederverwendung von Teilen der Rechenmodellnotierung in Form von Komplexblöcken, die mit anderen Komplexblöcken zu neuen Modellnotierungen kombiniert werden können. Zum anderen Teil wird für ingenieurtechnische Kader ohne spezielle rechentechnische Kenntnisse die Handhabung der Simulationstechnik stark vereinfacht, indem die Rechenmodelle aus einem Fonds von Komplexblöcken unter Beachtung leicht zu erlernender Regeln zusammengestellt werden. Dabei sind Kenntnisse über die mathematischen Modelle, die den Komplexblöcken zugrunde liegen, nicht erforderlich.

6. Literaturverzeichnis

1 Anwenderinformation DIGSIM - ES
VEB Chemieanlagenbaukombinat Leipzig - Grimma
Stammbetrieb - Betrieb Anlagenbau
Leipzig, Dezember 1979

2 Arndt, St.; Lippold, H.-J.
Einsatz aktiver Bildschirmtechnik für das Dialogsystem DIGSIM
msr 1979, H. 1

FSC
www.fsc.org
MIX
Papier | Fördert
gute Waldnutzung
FSC® C083411

Zeitfracht Medien GmbH
Ferdinand-Jühlke-Straße 7
99095 Erfurt, Deutschland
produktsicherheit@kolibri360.de